생물

기출문제
정복하기

8 · 9급 공무원 생물
기출문제 정복하기

개정2판	**발행**	2024년 01월 26일
개정3판	**발행**	2025년 01월 24일

편 저 자 | 공무원시험연구소

발 행 처 | ㈜서원각

등록번호 | 1999-1A-107호

주　　소 | 경기도 고양시 일산서구 덕산로 88-45(가좌동)

교재주문 | 031-923-2051

팩　　스 | 031-923-3815

교재문의 | 카카오톡 플러스 친구[서원각]

홈페이지 | goseowon.com

시험의 성패를 결정하는 데 있어 가장 중요한 요소 중 하나는 충분한 학습이라고 할 수 있다. 하지만 무작정 많은 양을 학습하는 것은 바람직하지 않다. 시험에 출제되는 모든 과목이 그렇듯, 전통적으로 중요하게 여겨지는 이론이나 내용들이 존재한다. 그리고 이러한 이론이나 내용들은 회를 걸쳐 반복적으로 시험에 출제되는 경향이 나타날 수밖에 없다. 따라서 모든 시험에 앞서 필수적으로 짚고 넘어가야 하는 것이 기출문제에 대한 파악이다.

공무원 시험에서 '생물' 과목은 8급 간호직과 9급 의료기술직, 보건직(경력경쟁) 등을 준비하는 데 필요한 과목이다. 서울시 시험 및 지방직 시험, 그리고 지역별로 채택 여부를 달리 하고 있어 점수 격차가 크게 나타나는 과목이기도 하다. 생물 과목은 암기해야 할 내용이 많으므로 이해를 바탕으로 하지 않고서는 비효율적인 학습이 될 뿐 아니라, 시험에 출제되는 응용문제에 대처할 수 없게 된다. 반복학습으로 이해도를 높이는 동시에 기출문제 풀이로 학습 정도를 확인하고 유형을 살펴보는 것이 좋다.

공무원 기출문제 시리즈는 기출문제 완벽분석을 책임진다. 그동안 시행된 지방직 및 서울시 기출문제를 연도별로 수록하여 매년 빠지지 않고 출제되는 내용을 파악하고, 다양하게 변화하는 출제경향에 적응하여 단기간에 최대의 학습효과를 거둘 수 있도록 하였다. 또한 상세하고 꼼꼼한 해설로 기본서 없이도 효율적인 학습이 가능하도록 하였다.

1%의 행운을 잡기 위한 99%의 노력!
본서가 수험생 여러분의 행운이 되어 합격을 향한 노력에 힘을 보탤 수 있기를 바란다.

STRUCTURE
이 책의 특징 및 구성

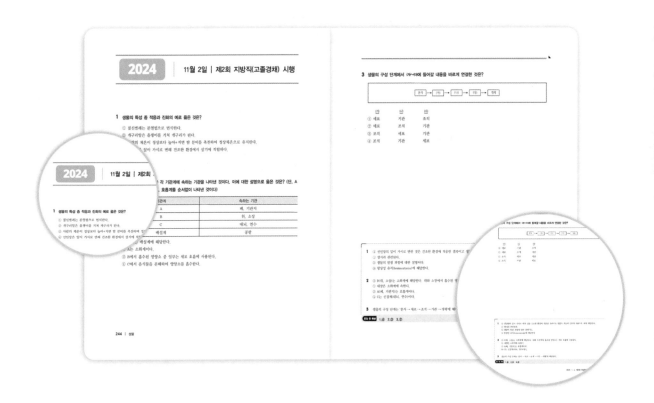

최신 기출문제분석

최신의 최다 기출문제를 수록하여 기출 동향을 파악하고, 학습한 이론을 정리할 수 있습니다. 기출문제들을 반복하여 풀어봄으로써 이전 학습에서 확실하게 깨닫지 못했던 세세한 부분까지 철저하게 파악, 대비하여 실전대비 최종 마무리를 완성하고, 스스로의 학습상태를 점검할 수 있습니다.

상세한 해설

상세한 해설을 통해 한 문제 한 문제에 대한 완전학습을 가능하도록 하였습니다. 정답을 맞힌 문제라도 꼼꼼한 해설을 통해 다시 한 번 내용을 확인할 수 있습니다. 틀린 문제를 체크하여 내가 취약한 부분을 파악할 수 있습니다.

CONTENT
이 책의 차례

생물

기출문제 정복하기

생물

1 수분손실을 막기 위한 육상식물의 적응방법으로 건조 또는 생식포자를 보호하는 두꺼운 벽은?

① 기공
② 큐티클
③ 리그닌
④ 관다발
⑤ 목질화

2 다음 중 후천성 면역으로 옳은 것은?

① TLR의 활성화
② 피부, 점막, 분비액
③ 자연 살해 세포(NK 세포)
④ 염증 반응
⑤ MHC의 항원제시

3 허시-체이스 실험은 1952년 알프레드 허시(Alfred Hershey)와 마사 체이스(Martha Chase)가 박테리오파지(Bacteriophage)를 이용하여 DNA가 유전물질임을 증명한 실험이다. 이 실험에서 단백질이 아닌 DNA가 유전물질이라는 증거로 옳은 것은?

① 박테리오파지는 DNA와 단백질로 구성된다.
② 새롭게 증식되어 나온 박테리오파지에서 인(P)과 황(S)이 검출되었다.
③ 새롭게 증식되어 나온 박테리오파지에서 인(P)과 황(S)이 검출되지 않았다.
④ 새롭게 증식되어 나온 박테리오파지에서 인(P)만 검출되고 황(S)은 검출되지 않았다.
⑤ 새롭게 증식되어 나온 박테리오파지에서 황(S)만 검출되고 인(P)은 검출되지 않았다.

4 다음 중 광자(photon) 에너지가 높은 것에서 낮은 순으로 바르게 배열된 것은?

㉠ X선	㉡ 적외선
㉢ 자외선	㉣ 라디오파
㉤ 가시광선	

① ㉠ → ㉣ → ㉢ → ㉤ → ㉡
② ㉠ → ㉤ → ㉣ → ㉢ → ㉡
③ ㉠ → ㉢ → ㉤ → ㉡ → ㉣
④ ㉡ → ㉣ → ㉠ → ㉢ → ㉤
⑤ ㉡ → ㉠ → ㉣ → ㉢ → ㉤

---

1 큐티클(cuticle) … 식물에서는 큐틴이라고 하는 지방산 중합체가 층상으로 분포, 큐티클을 형성하며 큐티클 층은 과다한 수분의 증발을 막는 동시에 잎의 조직을 보호해준다.

2 ①②③④ 선천성 면역이다.
※ **면역체계**
　　㉠ **선천성 면역**(비특이적 방어) : 침입자의 종류에 관계없이 방어반응을 하는 우리 몸의 1차적인 방어이다. 직접적이고 즉각적으로 작용하며 화학물질과 특정 백혈구가 이용된다.
　　㉡ **후천성 면역**(특이적 방어) : 인식한 병원체나 이물질에 대한 반응을 일으켜 이를 제거하려 하는 과정을 말하며 반응 유도에 어느 정도의 시간이 소요되지만 항원을 기억하여 다음 번 반응 시 신속한 반응이 이루어지도록 한다.

3 박테리오파지(Bacteriophage) 증식 실험
　㉠ **실험 목적** : 1952년 이 실험이 있기 전까지 유전학에서는 DNA를 유전물질의 강력한 후보로 생각하기는 하였으나 확증하지는 못하는 상태였으며 DNA 이외에 단백질 또한 유전물질의 후보로 지목되고 있었다. 허시와 체이스는 DNA와 단백질 가운데 어떤 것이 유전물질인지를 확인하기 위해 다음과 같은 실험을 진행하였다.
　㉡ **실험 가정** : 파지는 단백질과 DNA로 구성되어 있으며 DNA는 인(P)을, 단백질은 황(S)을 포함한다.
　㉢ **실험 과정**
　　• 파지에 DNA 확인을 위해 P를 방사성 동위원소(^{32}P)로, 단백질 확인을 위해 S를 방사성 동위원소(^{35}S)로 표지
　　• 박테리아에 ^{32}P로 표지된 파지를 부착
　　• 박테리아에 ^{35}S로 표지된 파지를 부착
　㉣ **결과**
　　• 황(S)으로 표지된 단백질은 박테리아 외부의 파지에 남아있고, 인(P)으로 표지된 DNA는 박테리아 내부에서 발견되었다. → 즉, 단백질은 대장균 내부로 들어가지 않고 DNA만 내부로 들어갔다.
　　• 인(P)으로 표지된 DNA가 있는 세포는 DNA에 방사성이 있는 새로운 파지를 생성하며 단백질에는 방사성이 없다.
　㉤ **결론** : 박테리오파지의 단백질 껍질 부분은 대장균 속으로 들어가지 않고 DNA만이 대장균 내로 들어가 다음 세대의 파지를 만들어내는 유전물질로 작용한다. 즉, 단백질이 아닌 DNA가 유전 물질이다.

4 ③ 광자에너지는 진동수에 비례하고, 진동수는 파장과 반비례 관계에 있다. 따라서 보기 중 파장이 가장 짧은 X선이 광자에너지가 가장 크고, 자외선, 가시광선, 적외선, 라디오파 순으로 그 뒤를 따른다(광자에너지 : X선>자외선>가시광선>적외선>라디오파).

정답 및 해설 1.② 2.⑤ 3.④ 4.③

5 다음 중 후구동물인 것은?

① 편형동물   ② 선형동물

③ 강장동물   ④ 극피동물

⑤ 환형동물

6 다음 중 비타민에 대한 설명이 옳은 것은?

① 비타민 A와 비타민 E는 체내에서 합성된다.

② 비타민 B는 체내에서 합성되나 비타민 C는 합성되지 않는다.

③ 비타민 D와 비타민 K만이 체내에서 합성되는 비타민이다.

④ 모든 비타민은 인체에서 합성될 수 있다.

⑤ 비타민은 인체에서 합성되지 않기 때문에 음식으로 섭취해야 한다.

7 다음 중 호흡과정에서 생성되는 물질과 설명이 옳은 것은?

① ADP와 인산 – 기질수준인 산화에 의해 생성

② NADH – 포도당이 두 분자의 이물질로 분해됨

③ ATP – 포도당 산화과정에서 전자수용

④ 피루브산 – ATP 만들기 위해 연결됨

⑤ O_2 – 해당과정에 필요하지 않음

8 베이츠 의태(Batesian mimicry)에 대한 예로 옳은 것은?

① 도마뱀은 꼬리를 자르고 포식자로부터 도망간다.

② 배추벌레와 개구리는 배추나 풀과 같은 색으로 위장하여 자신을 보호한다.

③ 등에는 벌의 색깔과 무늬를 따라하여 자신을 보호한다.

④ 독이 있는 산호뱀의 경고색은 독이 없는 왕뱀을 모방하여 보호한다.

⑤ 포식자에 취약한 종들이 서로 닮은 형태 가져 피식을 줄인다.

9 인간의 호흡조절에 관한 설명으로 옳지 않은 것은?

① 호흡조절은 혈중 O_2농도보다 혈중 CO_2농도의 영향을 받는다.

② 호흡의 조절은 간뇌의 호흡중추에 따라 이루어진다.

③ 혈액의 pH가 낮아지면 호흡의 속도가 증가한다.

④ 호흡에서 가장 중요한 역할을 하는 근육은 횡격막이다.

⑤ 호흡률이 증가하면 기체교환이 활발해져 pH가 증가한다.

---

5 선구동물과 후구동물

　㉠ 선구동물(protostomes) : 발생과정에서 나타나는 구멍인 원구(blastopore)가 입으로 발생
　　• 대개 '나선 난할(spiral cleavage)'을 함
　　• 중배엽덩어리가 갈라져서 체강 형성
　　• 신경삭(nerve cord)은 배 쪽에 있음
　　• 편형동물, 선형동물, 윤형동물, 절지동물, 환형동물, 연체동물, 성구동물, 유수동물, 완보동물, 유조동물 등
　㉡ 후구동물(deuterostomes) : 발생과정에서 나타나는 구멍인 원구(blastopore)가 항문으로 발생
　　• 대개 '방사성 난할(radial cleavage)'을 함
　　• 원장벽이 좌우에서 팽출하여 체강 형성
　　• 신경관(neural tube)은 등 쪽에 있음
　　• 극피동물, 반삭동물, 척삭동물(미삭동물, 두삭동물, 척추동물)

6 비타민의 특성

　㉠ 체내에서 합성되지 않으므로 반드시 섭취해야 한다.
　㉡ 적은 양을 필요로 하나 부족한 경우 결핍증이 나타난다.
　㉢ 건강유지에 꼭 필요한 유기화합물이다.

7 세포호흡의 과정

　㉠ 해당과정 : 포도당을 피루브산으로 산화시켜 에너지를 ATP, NADH의 형태로 얻는 단계
　㉡ TCA 회로 : 해당과정으로 생성된 피루브산을 더 산화시켜 에너지를 ATP와 NADH, $FADH_2$ 등의 형태로 얻는다.
　㉢ 산화적 인산화 과정 : NADH와 $FADH_2$를 이용하여 이들이 가진 에너지를 생명체가 사용할 수 있는 형태인 ATP로 바꾸는 단계이다.

8 ③ 힘이 약한 생물이 강한 독성을 가진 다른 생물을 흉내 내어 자신을 보호하는 것을 베이츠 의태라고 한다.

　※ 의태 … 피식자가 포식자로부터 자기를 보호하는 방법에는 여러 가지가 있다. 그 중 다른 생물과 비슷하게 자신의 모양, 색, 행동을 변화시켜 자신을 보호하는 방법을 의태라고 한다. 의태에는 때로는 맛있는(독이 없는) 생물이 맛없는(독이 있는) 생물을 흉내 내는 베이츠 의태와 둘 또는 그 이상의 맛없는 종끼리 서로 닮는 뮐러 의태가 있다. 방어능력이 없는 생물이 자신을 방어하는 종의 무늬와 색깔을 흉내 내는 것은 베이츠 의태, 같은 경고색을 띠어 포식자로부터 방어하는 것은 뮐러 의태라고 할 수 있다.

9 ② 인간의 호흡운동은 호흡 중추인 연수에 의해 조절되며 호흡 중추를 자극하는 요인은 혈액 내의 CO_2 농도이다.

정답 및 해설 5.④ 6.⑤ 7.⑤ 8.③ 9.②

10 다음 중 속씨식물의 수정에서 배(1차 수정)와 배젖(2차 수정)의 핵상이 바르게 연결된 것은?

	배	배젖
①	$n + n = 2n$	$n + n + n = 3n$
②	$n + n = 2n$	$n + n + n + n = 4n$
③	$n + n + n = 3n$	$n + n + n = 3n$
④	$n + n + n = 3n$	$n + n + n + n = 4n$
⑤	$n + n = 2n$	$n + n = 2n$

11 동물의 결합조직에 대한 설명으로 옳은 것은?

① 단열작용과 에너지보존에 효과가 있는 것은 지방조직이다.
② 망막은 연골조직으로 이루어져 있다.
③ 호르몬샘인 내분비샘은 대부분 결합조직으로 되어 있다.
④ 장기의 표면은 결합조직으로 이루어져 장기를 보호하는 역할을 한다.
⑤ 근육조직은 대부분 결합조직으로 이루어져 있다.

12 신경전달물질과 그 기능 또는 특징이 잘못 짝지어진 것은?

① 세로토닌 – 통증완화
② 아세틸콜린 – 운동뉴런
③ 도파민 – 파킨슨병의 치료에 쓰임
④ GABA – 신경 흥분
⑤ 노르에피네프린 – 대사활동 증가

13 심박동에 관한 설명으로 옳지 않은 것은?

① 동방결절의 자극으로 인해 심방이 수축한다.

② 심실수축을 통해 대동맥과 폐동맥으로 혈액을 내보낸다.

③ 박동의 세기와 속도는 자율신경에 의해 결정된다.

④ 심장박동원세포는 외부자극 없이 탈분극된다.

⑤ 푸르키네섬유를 통해 자극이 전달되면 심장의 위쪽으로 전도가 흐른다.

---

10 배와 배젖의 형성

　　㉠ 정핵(n) + 난세포(n) = 배(2n)

　　㉡ 정핵(n) + 극핵(n) + 극핵(n) = 배젖(3n)

11 결합조직 ··· 척추동물의 몸 곳곳에 분포하며 조직과 조직을 연결하고 지지하는 역할을 하는 조직. 세포와 세포 사이에 여러 가지
　　세포간 물질들이 가득 차 있음

　　㉠ 결합조직 : 조직이나 기관을 서로 연결하거나 싸서 보호하는 조직

　　　　• 힘줄 : 뼈와 근육을 연결

　　　　• 인대 : 뼈와 뼈를 연결

　　　　• 지방 : 양분의 저장, 단열효과, 충격 흡수

　　　　• 혈액, 림프

　　㉡ 연골조직 : 탄력성이 강한 세포간 물질 속에 연골세포가 흩어져 있음. 연골은 사람의 귓바퀴나 콧등에서 볼 수 있음

　　㉢ 골조직 : 연골조직과 구분하여 경골조직이라고도 함. 척추동물에서만 볼 수 있는 특유의 조직. 세포간 물질은 골질로 되어서 단
　　　　단하고 골질 속에 혈관과 신경이 통하는 하버스관이 있음

12 ④ GABA － 혈압저하 및 이뇨효과, 뇌의 산소공급량 증가시킴으로 뇌 세포의 대사기능 촉진, 신경 안정, 불안감 해소

13 ⑤ 심장의 아래쪽인 심실 쪽을 자극한다.

　　※ 박동기작

　　　　㉠ 동방결절의 흥분→우심방 수축→방실결절로 전달→심실벽의 히스색과 푸르키네섬유로 전달→좌심실과 우심실의 수축

　　　　㉡ 심장박동의 중추는 연수이며, 박동의 세기와 속도는 자율신경에 의해 길항적으로 조절

정답 및 해설 　10.① 　11.① 　12.④ 　13.⑤

14 소화 관련 호르몬에 대한 설명 중 옳은 것은?

① 엔테로가스트론은 위액의 분비와 위의 운동을 억제한다.

② 인슐린은 혈액 속 포도당의 흡수와 저장을 촉진하는 역할을 한다.

③ 체지방률이 적을수록 렙틴(leptin) 분비가 촉진된다.

④ 가스트린은 위벽에서 위산의 분비를 억제하고 위운동을 억제한다.

⑤ 세크레틴이 혈액을 통해 이자로 운반되면 이자액의 분비를 억제한다.

15 내분비계 호르몬에 대한 설명 중 옳은 것은?

① 뇌하수체 전엽에서 분비되는 FSH는 난소에만 영향을 미치고 남자에게는 분비되지 않는다.

② 교감신경계에서 작용하는 노르에피네프린은 혈압을 상승시킨다.

③ 항이뇨호르몬은 뇌하수체 전엽에서 분비되어 수분 재흡수를 촉진한다.

④ 멜라토닌은 뇌하수체 전엽에서 생성·분비된다.

⑤ 물질대사를 감소시키는 티록신이 분비되면 체온은 낮아진다.

16 RNA 가공과정에 대한 설명으로 옳은 것은?

① 세포질에서 일어난다.

② mRNA 한쪽 말단에 붙는 아데닌은 mRNA가 세포질에서 분해되는 것을 막아준다.

③ TATA로 결합되어 있는 부분은 다른 DNA가닥을 자르는 에너지가 많이 소요된다.

④ 전사되어 암호화 되는 부위는 인트론이다.

⑤ RNA중합효소가 DNA에 존재하는 프로모터에 결합한다.

17 DNA 프로파일링은 용의자의 DNA와 현장에서 발견된 범인의 DNA를 비교 분석하여 범인을 가려내는 것을 말한다. 다음 중 DNA 프로파일링에서 바코드패턴이 바탕으로 두고 있는 것은?

① 제한효소로 절단하여 잘린 DNA의 길이는 개인마다 다르다.
② 특정한 유전자에서의 염기 순서는 개인마다 다르다.
③ 특정한 형질에 우성과 열성 대립유전자가 존재한다.
④ 특정한 염색체에 따라 배열된 유전자들의 순서가 있다.
⑤ 유전자도서관에서 특정한 유전자의 정확한 위치를 나타낸다.

---

14 ② 인슐린은 췌장에서 분비되며 포도당을 글리코겐의 형태로 저장시키는 역할을 한다.
③ 렙틴은 지방조직에서 분비하는 체지방을 일정하게 유지하기 위한 호르몬으로, 뇌에 이르면 체지방률 저하를 야기한다.
④ 가스트린은 위의 말단에서 분비되며 위산 분비와 이자액 생산을 유도하고, 위, 소장, 대장 활동을 촉진한다.
⑤ 세크레틴은 십이지장 점막에서 분비되는 호르몬으로, 이자액의 분비를 촉진한다.

15 ① FSH는 고환의 정소에 있는 세포를 자극하여 안드로겐 결합 단백질 생산을 늘려 남자의 정자형성에 중요한 역할을 한다.
③ 항이뇨호르몬(ADH)는 시상하부에서 만들어지고 뇌하수체 후엽에 저장되었다가 분비된다.
④ 멜라토닌은 뇌의 송과선에서 생성되고 분비된다.
⑤ 티록신은 체내 물질대사를 촉진시켜 포도당의 분해를 증가시키고 체온을 상승시킨다.

16 ① 진핵세포는 전사 후 가공과정을 거친 후 세포질로 나간다.
③ TATA박스는 보통 DNA나 RNA 전사의 프로모터로 작용하는 부위로 TATA로 결합되어 있는 부분은 다른 염기서열보다 상대적으로 수소결합의 숫자가 적어서 DNA 가닥을 자르는 데 에너지가 덜 필요하다.
④ 인트론은 진핵생물의 mRNA에서 단백질을 암호화하지 않는 부위, 즉 비암호화되는 부위이다. 참고로 가공과정이란 mRNA에 모자와 꼬리를 붙이는 일과 인트론 부위를 제거하는 일을 말한다.
⑤ 전사의 개시 과정에 해당한다.

17 ① DNA에는 제한 효소로 절단되는 장소가 몇 군데 있다. 그런데 DNA의 염기 배열은 개인마다 다르기 때문에 제한 효소로 절단되는 장소도 개인에 따라 다르게 나타난다. 형성된 DNA 조각은 다양한 길이의 것이 섞여 있으며 이를 해석하면 각 조각이 서로 다른 위치에 나타나서 바코드와 같은 줄무늬 패턴이 된다. 이 줄무늬 패턴은 지문처럼 특징적이어서 특정 개인을 확인하는 데 이용된다. 따라서 이를 DNA 지문이라 부르기도 한다.

정답 및 해설 14.① 15.② 16.② 17.①

18 성염색체와 성염색체 관련 유전에 대한 설명으로 옳은 설명은?

① 사람의 성은 X염색체와 이보다 크기가 큰 Y염색체로 결정된다.

② Y염색체에는 성을 결정하는 유전자 외에 여러 가지 형질에 관여하는 많은 유전자가 포함되어 있다.

③ 정소에서 감수 분열 결과 정자가 생성되고, 정자는 Y염색체만 가진다.

④ 여성은 두 개의 X염색체 중 하나가 불활성화되어 결과적으로 하나의 X염색체만 발현하게 된다.

⑤ 여성은 X염색체를 두 개 가지고 있어 X염색체 관련 열성유전 질환이 더 잘 나타난다.

19 다음의 그림은 아미노산 아스파라긴(Asn)과 글루타민(Gln)의 구조식이다. 두 아미노산의 R기의 공통적인 특징은?

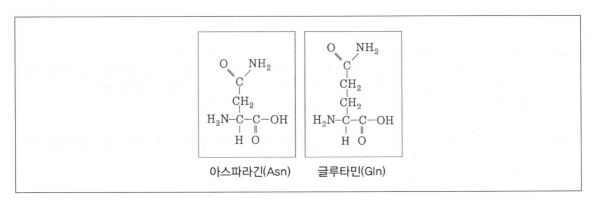

아스파라긴(Asn)   글루타민(Gln)

① 비극성

② 양전하 극성

③ 비전하 극성

④ 음전하 극성

⑤ 소수성

20 다음의 그림 (가)는 체세포의 염색체 구조를, (나)는 세포 주기를 나타낸 것이다. 옳은 것을 모두 고른 것은? (단, DNA에서 돌연변이는 일어나지 않음)

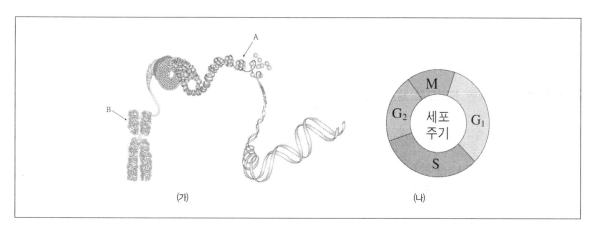

(가)　　　　　　　　　　　　(나)

ㄱ (가)의 B는 G_1기에 생성된다.
ㄴ (나)의 S기에서는 DNA가 복제된다.
ㄷ (가)의 A는 히스톤 단백질과 DNA로 구성된다.
ㄹ (나)의 G_2기에서는 방추사의 단백질 합성이 이루어진다.

① ㄱㄴ
② ㄱㄹ
③ ㄱㄴㄷ
④ ㄴㄷㄹ
⑤ ㄱㄴㄷㄹ

---

18 ① Y염색체는 X염색체보다 크기가 작다.
　② Y염색체는 크기가 매우 작고 성을 결정하는 유전자 외에 다른 유전자는 거의 들어있지 않으며 색맹 유전자 등 여러 가지 형질에 관계하는 많은 유전자가 들어있는 것은 X염색체이다.
　③ 정소에서 감수 분열 결과 정자가 생성되고, 정자는 X염색체 또는 Y염색체를 가진다.
　⑤ 형질을 결정하는 유전자가 X 염색체에 있어, 남녀 모두에게 나타나지만 남녀에 따라 형질이 나타나는 빈도가 달라지는 것을 반성유전이라 하며 여자보다 남자에서 발현 빈도가 더 높다(여자는 2개의 X염색체에 모두 색맹 유전자가 있어야 색맹이 되지만, 남자는 하나의 X 염색체에만 색맹 유전자가 있어도 색맹이 됨).

19 우리 몸의 아미노산은 약 20개 정도가 있으며 극성을 띄는 아미노산은 그 아미노산의 R기에 따라 세 가지로 구분된다.
　ㄱ 양전하 R기 : 리신(lysine), 아르기닌(arginine), 히스티딘(histidine)
　ㄴ 음전하 R기 : 아스파트산(aspartic acid), 글루탐산(glutamin acid)
　ㄷ 비전하 극성 : 아스파라긴(asparagine), 시스테인(cysteine), 글루타민(glutamine), 트레오닌(threonine), 세린(serine)

20 ㄱ (가)의 B와 같은 형태의 염색체는 (나)의 M기에 관찰할 수 있다.

정답 및 해설 18.④　19.③　20.④

1 다음 중 물에 대한 설명으로 옳지 않은 것은?

① 얼음이 물 위에 뜨는 것은 물 분자가 고체일 때보다 더 멀리 이동하기 때문이다.

② 물의 온도 상승폭은 매우 작은 채로 많은 열을 흡수하여 저장한다.

③ 기화로 인한 냉각작용은 대량의 에너지를 먼저 증발시키는 물 분자 때문에 나타난다.

④ 물은 우리 몸 안의 일반적인 용매이다.

⑤ 공유결합으로 인하여 물은 특별히 높은 표면장력을 가진다.

2 분자와 화합물 사이의 다른 점은?

① 화합물은 언제나 분자로 구성되지만, 분자가 언제나 화합물인 것은 아니다.

② 분자는 공유결합을 이룬 두 가지 이상의 원자로 구성되며, 화합물은 이온결합을 이룬 두 가지 이상의 원자로 구성된다.

③ 분자는 한 종류 원소의 원자로 구성되며, 화합물은 두 가지 이상의 원소로 구성된다.

④ 화합물은 두 가지 이상의 원소가 고정된 비율로 구성되며, 분자는 공유결합을 이룬 두 가지 이상의 같거나 서로 다른 원소를 가진다.

⑤ 분자는 서로 다른 두 가지 이상의 원소로 구성되며, 화합물은 한 가지 이상의 원소로 구성된다.

3 크렙스회로에 대한 다음 설명 중 옳지 않은 것은?

① 다양한 유기산들이 변화하며 진행된다.

② 기질수준의 인산화로 ATP생성이 있다.

③ 미토콘드리아 기질에서 산화적 인산화에 의해 일어난다.

④ 아세틸기가 완전히 산화되어 분해된다.

⑤ 고에너지 전자가 NAD와 FAD에 포착된다.

4 31세 백○○군은 총폐용량(TLC)이 6,000ml이고, 흡기용량(IC)이 3,600ml, 잔기용적(RV)이 1,200ml이고 일회호흡용적(Vt)은 500ml이다. 호기(날숨)예비용적(ERV)은 몇 ml인가?

① 700ml

② 1,200ml

③ 1,400ml

④ 1,700ml

⑤ 1,900ml

5 광합성에 대한 다음 설명 중 잘못된 것은?

① 식물의 엽록체에서 일어난다.

② 명반응에서는 빛에너지를 ATP에너지로 전환한다.

③ 광계 Ⅰ, Ⅱ의 중심은 틸라코이드막에 있다.

④ 엽록소는 그라나와 스트로마 전체에 산재해 있다.

⑤ 공기 중의 이산화탄소를 받아 들여 포도당을 합성한다.

---

1 표면장력은 공유결합이 아닌 물의 분자 간 수소결합에 의한 인력으로 나타나는 특성이다.

2 물질은 순물질과 혼합물로 나눌 수 있고, 순물질은 다시 한 가지 원소로 이루어진 홑원소물질과 2가지 이상의 원소로 이루어진 화합물로 나눈다. 분자는 두 가지 이상의 같거나 다른 원소가 공유결합을 이룬 것이다.

3 TCA회로는 미토콘드리아 기질에서 일어나는 기질 수준의 인산화 과정이다.

4 총폐용량 = 최대 흡기 시 폐의 부피, 잔기용적 = 숨을 최대로 내쉬었을 때 폐의 부피
일회호흡 용량 = 평상시 호기·흡기 시의 폐의 부피
호기예비용적이라는 것은 평상시 호기보다 더 내쉴 수 있는 용적이다. 평상시 최대 호기 용적 = 총폐용량 – 흡기용량 = 6000 – 3600 = 2400mL이고 잔기용적이 1,200mL이므로 호기예비용적은 2400 – 1200 = 1200mL이다.

5 엽록소는 틸라코이드 막에 주로 존재하므로 스트로마가 아닌 그라나에 존재한다.

정답 및 해설 1.⑤ 2.④ 3.③ 4.② 5.④

6 아래의 표는 어떤 식물에서 유전자형이 AaBbCc인 개체 (개)와 유전자형이 aabbcc인 개체를 교배시켜 얻은 자손 (F1)의 유전자형 비를 나타낸 것이다.

AaBb : Aabb : aaBb : aabb = 1 : 1 : 1 : 1
AaCc : Aacc : aaCc : aacc = ?
BbCc : Bbcc : bbCc : bbcc = 0 : 1 : 1 : 0

이에 대한 옳은 설명을 보기에서 모두 고른 것은? (단, 돌연변이와 교차는 고려하지 않는다)

㉠ (개)에서 B와 c가 연관되어 있다.
㉡ (개)에서 유전자형이 abC인 생식세포가 형성될 확률은 25%이다.
㉢ F1에서 AaCc : aaCc = 2 : 1이다.

① ㉠
② ㉡
③ ㉠, ㉡
④ ㉠, ㉢
⑤ ㉡, ㉢

7 DNA복제에 관한 다음의 설명 중 맞지 않는 것은?

① 메셀슨과 스탈은 DNA복제가 반보존적이라는 실험적 증거를 제시하였다.
② DNA 중합반응 시 뉴클레오티드를 결합시키는 데 필요한 에너지는 뉴클레오티드 삼인산으로부터 gamma-인산을 가수분해함으로써 얻는다.
③ DNA 중합효소는 DNA 중합반응 시, 선도가닥, 지체가닥 모두에서 항상 $5' \rightarrow 3'$ 방향으로만 작용한다.
④ DNA 중합효소는 염기쌍 형성과정에서 교정하여 틀린 것을 고치는 기능이 있다.
⑤ 진핵 및 원핵생물에 존재한다.

8 줄기세포에 관한 다음의 설명 중 옳지 않은 것은?

① 배아 줄기세포는 실험실에서 배양하면 암세포와 유사하게 무한 증식한다.
② 이미 분화된 세포를 최근에 개발된 역분화기술로 줄기세포로 만들 수 있다.
③ 배아줄기세포로 만든 치료용 세포는 많은 환자에게 면역거부반응을 일으키지 않는다.
④ 배아줄기세포나 성체줄기세포 모두 세포를 이용한 재생의학에 사용하기 위함이다.
⑤ 성체줄기세포는 분화되는 도중에 있는 세포들이어서 보통 몇몇 특정세포만 분화될 뿐이다.

9 다음 DNA 염기서열 중 제한효소가 자를 가능성이 가장 높은 서열은?

① TGAATTCC
  ACTTAAGG

② AACCTG
  TTGGAC

③ TTACGATA
  AATGCTAT

④ AAGGGA
  TTCCCT

⑤ AAGTTCCG
  TTCAAGGC

10 생명공학기술에 대한 다음 연결 중 잘못 짝지어진 것은?

① PCR – DNA 단편의 증폭
② Taq 중합효소 – 고온에서 DNA합성
③ 벡터 – 재조합시킨 DNA의 운반
④ 5'→3' 엑소뉴클레아제 – 잘못 들어간 뉴클레오티드 교정
⑤ 탐침 – 특정서열과 혼성화

---

6 이 교배는 검정교배로 자손의 비율을 통해 연관관계의 여부를 알 수 있다. 1 : 1 : 1 : 1이 만들어지면 독립유전이 된다. 유전자형의 비를 통해 A와 B는 독립 유전이 되고 B와 C는 상반 연관되어 있는 것을 알 수 있다. 따라서 A와 C는 서로 다른 염색체에 존재하는 독립 유전이 되는 것이다. b와 C는 연관되어 있으므로 [abC] : [AbC] : [aBc] : [ABc] = 1 : 1 : 1 : 1로 자손의 비가 나온다. 따라서 유전자형이 abC인 생식세포가 형성될 확률은 25%이고 A와 C 유전자는 독립유전되므로 AaCc : aaCc = 1 : 1이 된다.

7 뉴클레오티드를 결합시키는 데 필요한 에너지는 뉴클레오티드는 삼인산의 피로인산을 가수분해함으로써 얻는다.

8 핵을 제공한 환자와 면역 거부반응이 일어나지 않는 것이지 다른 사람과의 면역 거부 반응이 일어나지 않는 것이 아니다.

9 제한효소자리는 염기 4개~8개로 이루어지며 대칭적 염기 서열이어야 하므로 AATT를 가지는 1번이 가장 적합하다.

10 잘못 들어간 뉴클레오티드 교정은 주로 DNA 중합효소의 기능이다.

정답 및 해설 6.③ 7.② 8.③ 9.① 10.④

11 진드기의 한 종류가 지난 20년 사이에 살충제에 대한 저항성을 나타내었다. 이러한 현상을 자연선택 개념으로 가장 잘 설명한 것은?

① 살충제로 인하여 진드기가 정상보다 더 빠르게 생식하게 되었다.
② 살충제에 자연적으로 저항하는 진드기들이 대부분의 자손을 낳았다.
③ 진드기가 살충제 살포로부터 피하는 방법을 알게 되었고, 이 지식을 자손에게 전달하였다.
④ 일부 진드기가 살충제에 견디게 되었고, 이 능력이 그 자손에게 전달되었다.
⑤ 살충제로 인해 진드기가 돌연변이를 일으켜 더 많은 살충제에 견디게 되었다.

12 다음 중 환형동물의 특징으로 옳은 것은?

① 촉수, 강장으로 구성되어 있으며, 항문이 없다.
② 몸은 좌우 대칭이고, 몸의 전단에 섬모환이 있다.
③ 골격과 체절이 없으며, 몸은 외투막으로 싸여 있다.
④ 몸은 가늘고 긴 원통형이고 크기가 같은 체절로 이루어져 있다.
⑤ 다세포이지만 세포의 분화가 낮아서 신경, 근육, 감각기가 없다.

13 혈액응고과정에서 트롬빈의 작용을 억제하는 항응고제로 옳은 것은?

① 큐마린
② 헤파린
③ 옥살산염
④ 불화나트륨
⑤ 구연산나트륨

14 보조 T세포가 세포성 매개 면역과 체액성 면역을 활성화하는 다음의 단계를 순서대로 나열한 것은?

> ㉠ T세포 수용체가 제2급 MHC 분자와 항원복합체를 인식한다.
> ㉡ 대식세포가 사이토카인을 분비한다.
> ㉢ 활성화된 B세포가 형질세포와 기억세포를 형성하고, 활성화된 T세포는 세포독성 T세포와 기억세
>   포를 형성한다.
> ㉣ 보조 T세포가 사이토카인을 분비한다.
> ㉤ 대식세포가 병원체를 삼켜 제2급 MHC 분자에 붙여 항원을 제시한다.
> ㉥ 형질세포가 항체를 분비하고, 제1급 MHC 분자와 항원복합체를 가지고 있는 세포를 세포독성 T세
>   포가 공격한다.

① ㉤ - ㉡ - ㉠ - ㉣ - ㉢ - ㉥   ② ㉤ - ㉠ - ㉡ - ㉢ - ㉣ - ㉥
③ ㉤ - ㉡ - ㉠ - ㉢ - ㉣ - ㉥   ④ ㉤ - ㉠ - ㉡ - ㉣ - ㉢ - ㉥
⑤ ㉤ - ㉣ - ㉢ - ㉡ - ㉠ - ㉥

---

11 자연선택은 환경에 적합한 개체가 살아남아 자손을 낳는 것이므로 살충제에 저항성이 강한 진드기들이 살아남아 자손을 남기는 것이 자연선택의 예이다.

12 ① 강장동물, ② 윤형동물, ③ 연체동물, ⑤ 해면동물

13 트롬빈의 작용을 억제하는 항응고제에는 헤파린, 히루딘이 있다.

14 ㉤ 항원이 체내에 침입하면 대식세포가 이를 삼켜 제2급 MHC 분자를 이용하여 항원을 제시한다. ㉠ 이렇게 형성된 제2급 MHC 분자와 항원복합체를 T세포 수용체가 인식하게 되면, ㉡ 대식세포가 화학물질인 사이토카인을 분비한다. ㉣ 대식세포가 분비한 사이토카인에 의해서 보조 T세포 또한 사이토카인을 분비하면 B세포가 활성화된다. ㉢ 활성화된 B세포가 형질세포와 기억세포를 형성하고, 활성화된 T세포는 세포독성 T세포와 기억세포를 형성한다. ㉥ 형질세포가 항체를 분비하고, 제1급 MHC 분자와 항원복합체를 가지고 있는 세포를 세포독성 T세포가 공격한다.

정답 및 해설 11.② 12.④ 13.② 14.④

15 다음 중 신경아교세포(neuroglia)에 대한 설명으로 가장 옳은 것은?

① 별아교세포(astrocyte) – 신경재생에 관여
② 위성세포(satellite cell) – 신경절의 신경섬유를 둘러싸고 있는 피막을 형성
③ 미세아교세포(microglia) – 포식작용과 물질의 운반, 이물질의 파괴와 제거 등의 역할
④ 희소돌기아교세포(oligodendrocyte) – 말초신경계내의 축삭을 동심원상으로 둘러 감아 수초를 형성
⑤ 뇌실막세포(ependymal cell) – 모세혈관 벽과 접촉함으로써 신경세포와 혈관 사이의 물질운반에 관여

16 〈표1〉은 건강한 쥐를 이용하여 티록신의 분비량 변화를 알아보기 위한 5가지 실험(⑺~⑽)이고, 〈표2〉는 각 실험에 따라 나타날 수 있는 갑상샘 자극 호르몬(TSH)과 티록신 분비량의 변화(A~D)를 예상한 것이다. 실험의 결과 나타날 수 있는 호르몬 분비량의 변화를 짝지은 것으로 옳지 않은 것은?

〈표1〉

실험	실험 내용
⑺	갑상샘 제거
⑻	뇌하수체 제거
⑼	추운 날씨에 노출
⑽	아이오딘 부족
⑾	혈액에 티록신을 다량 주사

〈표2〉

구분	TSH 분비량	티록신 분비량
A	증가	증가
B	증가	감소
C	감소	증가
D	감소	감소

① ⑺ – B
② ⑻ – D
③ ⑼ – A
④ ⑽ – B
⑤ ⑾ – C

17 다음 중 부교감 신경의 작용으로 옳은 것은?

① 동공 축소

② 침분비 억제

③ 심장 박동 촉진

④ 소화액 분비 억제

⑤ 글리코겐의 분해 촉진

---

15 ① 별아교세포(astrocyte) : 모세혈관 벽과 접촉함으로써 신경세포와 혈관 사이의 물질운반에 관여한다.
　　② 위성세포(satellite cell) : 신경절의 신경세포체를 둘러싸고 있다.
　　④ 희소돌기아교세포(oligodendrocyte) : 중추신경계의 축삭을 둘러감아 수초를 형성한다.
　　⑤ 뇌실막세포(ependymal cell) : 뇌척수실을 덮고 있는 세포층으로, 섬모운동을 통해 뇌수의 운동을 돕는다.

16 ㈐와 같이 혈액에 티록신을 다량 주사하게 되면 피드백 작용에 의해서 티록신 분비량을 억제하기 위해서 TSH의 분비량이 감소하고 이로 인해 티록신의 분비량 또한 감소하게 된다.

17 부교감신경의 역할 : 동공 축소, 침 분비 증가, 심장 박동 억제, 소화액 분비 촉진, 글리코겐 합성 촉진

정답 및 해설 15.③ 16.⑤ 17.①

18 신경근육 연접에서 아세틸콜린(Ach) 분비 단계를 맞게 나열한 것으로 옳은 것은?

① Ca^{2+} 통로 개방 → Ca^{2+} 유입 → 뉴런의 흥분 전도 → Ach방출

② Ca^{2+} 유입 → 뉴런의 흥분 전도 → Ca^{2+} 통로 개방 → Ach방출

③ Ca^{2+} 유입 → Ca^{2+} 통로 개방 → 뉴런의 흥분 전도 → Ach방출

④ 뉴런의 흥분 전도 → Ca^{2+} 통로 개방 → Ca^{2+} 유입 → Ach방출

⑤ 뉴런의 흥분 전도 → Ca^{2+} 유입 → Ca^{2+} 통로 개방 → Ach방출

19 다음 중 프로비타민에 해당하는 물질로 옳은 것은?

① 프로카인
② 피리독신
③ 토코페롤
④ 리보플라빈
⑤ 에르고스테롤

20 식물 호르몬에 대한 다음 내용 중 옳지 않은 것은?

① 옥신의 불균등 분포로 인해 줄기의 어두운 부분이 밝은 부분보다 느리게 자란다.
② 시토키닌은 뿌리에서 줄기로 들어가며 정아로부터 내려오는 옥신을 억제한다.
③ 일부 농부들은 사과를 이산화탄소가 들어 있는 보관 상자에 저장하여 숙성을 늦춘다.
④ 옥신은 특정한 농도 범위에서만 줄기에서 세포 신장을 촉진한다.
⑤ 같은 종에서 같은 호르몬이라 해도 표적세포가 다르면 다른 효과를 낼 수 있다.

18 뉴런의 흥분 전도가 되면 Ca^{2+}이온채널이 열리면서 Ca^{2+}가 유입되고 이로 인해 시냅스 소포가 이동하여 아세틸콜린이 방출된다.

19 프로비타민 A : 카로틴, 크립토산틴, 에키네논
프로비타민 D : 에르고스테롤, 디히드로콜레스테롤

20 옥신은 빛을 받은 밝은 부분이 어두운 부분보다 적게 분포하는 불균등 분포가 유도된다. 이로 인해 옥신이 적은 밝은 부분이 느리게 자란다.

정답 및 해설　18.④　19.⑤　20.①

1 새로 개발된 두 종류의 비료 A와 B가 사과의 생육에 미치는 영향을 알아보기 위하여, 10그루의 사과나무는 A비료가 첨가된 토양에, 다른 10그루는 B비료가 첨가된 토양에 심었다. 또한, 다른 10그루를 비료가 첨가되지 않은 일반 토양에 심었다. 과학적 실험설계에 사용되는 다음의 용어들 중, 비료가 첨가되지 않은 토양에 심어진 사과나무들은 어느 것에 해당하는가?

① 독립변수 ② 종속변수
③ 실험군 ④ 대조군

2 전기영동을 이용하여 단백질의 크기를 분석하는 경우 일반적으로 화학적 처리를 하여 단백질의 2차, 3차, 4차 구조를 제거한다. 이 때 환원제를 첨가하는 이유와 관련된 아미노산은 무엇인가?

① 글라이신(Gly) ② 라이신(Lys)
③ 시스테인(Cys) ④ 메싸이오닌(Met)

3 산소 세포 호흡(aerobic cellular respiration)에 관한 다음의 설명 중 옳지 않은 것은?

① 해당과정(glycolysis)에서 포도당은 피루브산(pyruvic acid) 두 분자로 쪼개진다.
② 피루브산(pyruvic acid)은 세포질의 크렙스회로(Krebs cycle)에 바로 사용되게 된다.
③ 해당과정(glycolysis)에 들어가는 포도당 한 분자당 크렙스회로(Krebs cycle)가 두 번 돌아간다.
④ 세포는 크렙스회로(Krebs cycle)에서 형성된 중간화합물들을 아미노산이나 지방과 같은 다른 유기분자의 합성에 사용한다.

4 포도당을 분해하여 에너지를 얻는 해당과정의 최종산물은 피루브산이고 대사중간산물은 포도당6-인산, 과당6-인산, 과당 1,6-이인산, 글리세르알데하이드3-인산, 다이하이드록시아세톤인산, 1,3-이인산글리세르산, 3-인산글리세르산, 2-인산글리세르산, 포스포에놀피루브산이 있다. 이 중에서 ATP 생산을 위한 기질수준의 인산화 반응의 기질로 짝지어진 것은?

① 포도당6-인산과 과당6-인산
② 과당 1,6-이인산과 1,3-이인산글리세르산
③ 포스포에놀피루브산과 1,3-이인산글리세르산
④ 글리세르알데하이드3-인산과 다이하이드록시아세톤인산

5 세포주기에 대한 설명으로 옳지 않은 것은?

① G1기의 세포에서 각 염색체는 두 개의 똑같은 자매분체로 되어 있으며 세포는 분열할 준비가 되어 있다.
② 핵 안에서 DNA가 두 배로 늘어나는 시기를 S기라고 부른다.
③ 세포주기에서 세포가 실제로 분열하는 시기를 체세포 분열기 또는 M기라고 부른다.
④ 세포질 분열은 통상 체세포분열이 완성되기 전에 시작된다.

---

1 연역적 탐구 과정 중 실험 설계를 할 때, 아무 처리를 하지 않은 것이 대조군이다.

2 SDS-PAGE(단백질 전기영동) 실험에서 환원제는 단백질의 S-S결합을 끊는 역할을 한다. 따라서 이황화결합을 하는 시스테인과 관련이 있다.

3 피루브산은 미토콘드리아의 기질로 이동하여 아세틸 CoA로 산화된 다음 크렙스회로에 이용된다.

4 포도당6-인산과 과당6-인산, 과당 1,6-이인산과 1,3-이인산글리세르산, 글리세르알데하이드3-인산과 다이하드록시아세톤인산은 에너지 투자기에서의 물질들이다.

5 G1기는 S기 이전으로 염색체 복제가 일어나기 전이므로 자매분체로 존재하지 않는다.

정답 및 해설 1.④ 2.③ 3.② 4.③ 5.①

6 세포 내 신호전달과정에는 신호의 이동과 증폭이 포함된다. 다음의 한 호르몬에 의한 신호전달과정에서 신호가 증폭되는 단계를 고른다면?

> ㉠ 호르몬(에피네프린)이 표적세포의 세포막에 있는 수용체(베타-수용체)에 결합한다.
> ㉡ 수용체가 세포 내 G-단백질을 활성화시킨다.
> ㉢ 활성화된 G-단백질이 효소(아데닐산고리화효소, adenylyl cyclase)를 활성화시킨다.
> ㉣ 효소가 ATP를 cyclic AMP로 만든다.
> ㉤ cyclic AMP가 단백질 인산화효소 A를 활성화시킨다.

① ㉠, ㉡   ② ㉡, ㉣

③ ㉢, ㉣   ④ ㉣, ㉤

7 인공 세포막을 만들기 위해 지방산으로 탄소 16개짜리 팔미트산(16 : 0)과 탄소 18개짜리 스테아르산(18 : 0), 탄소 20개짜리 아라키드산(20 : 0), 탄소 18개에 이중결합 하나를 가진 올레산(18 : 1)을 이용하여 인지질을 만들었다. 다음 중 어떤 지방산을 가진 인지질의 함유량을 높이면 인공세포막의 유동성이 가장 높을까?

① 팔미트산과 스테아르산

② 팔미트산과 올레산

③ 스테아르산과 올레산

④ 스테아르산과 아라키드산

8 데이터베이스를 검색하고 소프트웨어를 사용하여 새로 발견한 어떤 진핵생물 유전체의 뉴클레오타이드 염기서열 중에서 유전자 부위와 구조를 예측하려고 한다. 이때 먼저 검색하거나 찾지 않아도 되는 영역은?

① open reading frame

② intervening sequence

③ stop codon

④ expressed sequence tags

9 동물의 특징을 가장 잘 설명한 것은?

① 다세포 원핵생물, 유기분자를 만들어내는 독립영양생물, 배엽으로 발달하는 조직이 없음

② 단세포 진핵생물, 영양분을 흡수하는 종속영양생물, 배엽으로 발달하는 조직으로 되어 있음

③ 다세포 진핵생물, 영양분을 흡수하는 종속영양생물, 배엽으로 발달하는 조직으로 되어 있음

④ 다세포 진핵생물, 유기분자를 만들어내는 독립영양생물, 배엽으로 발달하는 조직으로 되어 있음

10 다음 중 신경세포인 뉴런의 휴지상태에 대한 설명으로 옳은 것은?

① 뉴런의 내부가 바깥에 비해 양전하를 갖는다.

② 세포 내부의 Na^+, K^+ 농도가 바깥보다 높게 유지된다.

③ 신경자극이 오기 전에는 뉴런 내외부의 전위 차가 발생하지 않는다.

④ 휴지전위를 유지하기 위해 지속적으로 에너지를 소비한다.

---

6 신호가 증폭되는 과정에는 불활성 G단백질이 활성 G단백질이 되는 과정, ATP가 cyclic AMP가 되는 과정이 있다.

7 세포막이 유동성을 가지는 이유는 불포화지방산 때문이다. 인지질의 길이가 짧을수록 유동성이 증가한다. 지질의 길이가 짧다는 것은 인지질이 갖고 있는 탄소의 수가 적다는 것이므로 이중결합을 가지는 올레산과 탄소의 수가 가장 적은 팔미트산이 정답이다.

8 문제의 방법은 cDNA의 서열 분석을 통한 방법이다. intervening sequence는 cDNA의 서열에 존재하지 않으므로 찾지 않아도 된다.

9 동물은 다세포 진핵생물이고, 유기 분자를 만들 수 없어 영양분을 흡수해야 하는 종속 영양생물이며, 배엽으로 발달하는 조직으로 되어 있다.

10 ATP를 소모하는 Na^+-K^+펌프는 휴지전위 형성의 요인이다.

정답 및 해설 6.② 7.② 8.② 9.③ 10.④

11 유전자 발현을 연구하기 위해 역전사효소를 이용하여 특정 유전자의 cDNA를 확보하는 경우가 많다. 그러나 어떤 생명체의 경우에는 cDNA와 DNA상의 유전자 서열이 완전히 동일하기 때문에 굳이 cDNA를 제작할 필요가 없다. 어떤 생명체인가?

① 사람
② 예쁜꼬마선충
③ 애기장대
④ 대장균

12 멘델의 유전실험에서 만일 이형접합성을 가지는 개체 간의 양성 잡종 교배 시 두 특성이 동일한 염색체 위에 연관되어 있다면, F2 세대에서 기대할 수 있는 표현형비는 어떻게 되겠는가?

① 9 : 3 : 3 : 1
② 3 : 1
③ 1 : 1
④ 1 : 2 : 1

13 고등한 육상식물의 생식적 순환인 세대교번의 설명으로 옳은 것은?

① 포자는 발달하여 단세포성 배우체가 된다.
② 포자체가 체세포분열을 통해 포자를 만든다.
③ 배우체가 체세포분열을 통해 배우자를 만든다.
④ 접합자는 감수분열에 의하여 포자체로 성장한다.

14 소화효소는 비활성화 상태인 자이모젠(zymogen)형태로 합성되어 분비된다. 이자에서 생산되는 자이모젠인 카이모트립시노젠을 활성화시킬 수 있는 효소로 옳은 것은?

① 트립신
② 카이모트립신
③ 펩신
④ 엔테로펩티데이스

15 다음 중 진핵생물에서의 RNA 스플라이싱에 대한 설명으로 옳지 않은 것은?

① 스플라이싱 복합체 내에 존재하는 hnRNP가 스플라이싱 될 RNA 부위를 결정한다.

② 핵 밖으로 나오는 RNA 서열은 엑손에 해당한다.

③ RNA 중합효소 Ⅱ는 DNA로부터 인트론과 엑손 모두를 전사한다.

④ Pre-mRNA에 존재하는 인트론을 선택적으로 제거하는 기전이다.

16 인터루킨(interleukin)은 백혈구가 분비하는 사이토카인(cytokine, 전령단백질)이다. 다음 중 인터루킨 −1(interleukin−1)을 분비하는 세포와 이에 의해 활성화되는 세포로 짝지어진 것은?

① 도움 T 세포가 분비 − B 세포가 활성화

② 항원제시세포가 분비 − 도움 T 세포가 활성화

③ B 세포가 분비 − 도움 T 세포가 활성화

④ B 세포가 분비 − 세포독성 T 세포가 활성화

---

11 원핵생물은 인트론이 존재하지 않아 mRNA를 주형으로 cDNA를 만들면 DNA와 서열이 동일하다. 그러므로 cDNA는 원핵생물에서는 필요가 없다.

12 F1은 RrYy인데 상인연관 시에 R과 Y가 동일한 염색체에 존재하고 r과 y가 동일한 염색체가 존재하므로 자가교배하게 되면 표현형의 비율은 R_Y_ : R_yy : rrY_ : rryy = 3:0:0:1이다.

13 포자는 발달하여 다세포성 배우체가 되며, 포자체가 감수분열을 통해 포자를 만들고 접합자는 체세포분열을 통해 포자체로 성장한다.

14 카이모트립시노젠을 카이모트립신으로 활성화시키는 것은 트립신이다.

15 스플라이싱 지시 신호는 인트론의 양 끝에 있는 짧은 뉴클레오티드 서열이다.

16 도움 T세포는 인터루킨Ⅱ를 분비하여 세포독성 T세포와 B세포를 활성화시키고 B세포는 항체를 분비한다. 따라서 인터루킨 −1은 항원제시세포가 분비한다.

정답 및 해설 11.④ 12.정답 없음 13.③ 14.① 15.① 16.②

17 아래 빈칸 A와 B에 적절한 것으로 짝지어진 것은?

호르몬	주요작용	조절자
A	자궁수축, 유선세포자극	신경계
엔도르핀	통증완화	뇌
글루카곤	혈당량 올림	혈당
B	혈액 내 칼슘 농도 올림	혈액 내 칼슘

① 옥시토신 − 부갑상샘호르몬(PTH)

② 프로락틴 − 칼시토닌

③ 갑상샘자극호르몬(TSH) − 프로게스테론

④ 옥시토신 − 칼시토닌

18 대장에 대한 설명으로 옳지 않은 것은?

① 결장의 주요기능은 소화관으로부터 물을 흡수하는 것이다.

② 소장과 대장의 연결부위에는 괄약근이 있어 음식물의 통과를 조절한다.

③ 대장균과 같은 결장세균은 비타민 B, K 등을 분해하는 역할을 한다.

④ 결장과 항문 사이에는 수의적 괄약근과 불수의적 괄약근이 있다.

19 독수리와 같이 먹이그물 최상위에 속하는 생물에 DDT와 같은 독성 화학물질이 고농도로 축적되는 것은 무엇으로 설명할 수 있는가?

① 생물학적 증폭

② 경쟁적 배제

③ 지수적 개체군 성장

④ 분해자에 의한 물질 순환

20 다음 중 ⊙ 방사대칭동물과 ⓒ 후구동물로 맞게 짝지어진 것은?

① ⊙ 척삭동물, ⓒ 환형동물
② ⊙ 절지동물, ⓒ 자포동물
③ ⊙ 환형동물, ⓒ 연체동물
④ ⊙ 자포동물, ⓒ 극피동물

17 자궁수축 호르몬은 옥시토신이며, 혈액 내 칼슘 농도를 올리는 호르몬은 부갑상샘호르몬이다.

18 결장세균은 비타민 B, K 등을 합성하는 역할을 한다.

19 생물농축이라는 것은 어떤 물질이 상위 영양 단계로 올라갈수록 고농도로 축적된다는 것인데 이를 생물학적 증폭이라고도 한다.

20 방사대칭동물에는 자포동물이, 후구동물에는 극피동물이 있다.

정답 및 해설 17.① 18.③ 19.① 20.④

1 생체 고분자 물질인 단백질은 아미노산으로 이루어진 중합체이다. 다음의 아미노산 중에서 벤젠 (benzene)고리를 가지고 있는 방향족(aromatic) 아미노산이 아닌 것은?

① 히스티딘(Histidine)

② 페닐알라닌(Phenylalanine)

③ 트립토판(Tryptophan)

④ 타이로신(Tyrosine)

2 세포의 구성성분 중 탄수화물에 대한 설명이다. 옳은 것을 모두 고르면?

> ㉠ 전분, 글리코겐, 셀룰로오스와 같은 다당류는 모두 에너지 저장성분이다.
> ㉡ 5탄당과 6탄당은 수용액 중에서 주로 열린 사슬구조를 취한다.
> ㉢ 단당류 중 제일 작은 분자는 3탄당으로서 글리세르알데하이드가 이에 속한다.
> ㉣ 전분, 글리코겐, 셀룰로오스는 모두 포도당이 모여서 된 다당류이다.

① ㉠, ㉡

② ㉡, ㉢

③ ㉢, ㉣

④ ㉡, ㉢, ㉣

3 단백질과 핵산 같은 생체 고분자 물질은 비공유결합을 통해 그 입체적 구조를 유지한다. 다음 중 수용액에 녹아 있는 DNA의 이중나선구조에서 볼 수 있는 비공유결합에 대한 설명으로 옳은 것은?

① 반데르발스 인력 – 염기와 디옥시리보오스 간의 결합
② 소수성 상호작용 – 인산과 물 분자와의 결합
③ 수소결합 – 염기쌍을 이루는 두 염기 사이의 결합
④ 이온결합 – 이중나선구조 내부에 쌓인 염기쌍들 사이의 결합

4 대장균의 젖당오페론(lactose operon)이 활성화될 경우, 전사과정을 통해 RNA가 생성된다. 이 RNA로부터 3종류의 단백질이 만들어지고, 이들 단백질은 젖당을 이용하여 물질대사를 수행한다. 다음 중 위의 3종류 단백질을 암호화하는 유전자에 해당하지 않는 것은?

① *LacZ*   ② *LacY*
③ *LacI*   ④ *LacA*

1 히스티딘(Histidine)은 단백질을 구성하는 아미노산의 하나로, α-아미노산의 β-자리에 이미다졸 고리가 결합한 구조를 하고 있다.
②③④ 벤젠고리를 가지고 있다.

2 ㉠ 셀룰로오스는 에너지 저장성분이 아니다. 그러나 전분은 주로 식물, 글리코겐은 주로 동물이 저장하는 다당류의 형태이다.
㉡ 5탄당은 고리형 사슬구조를 취한다.

3 DNA는 상보관계인 두 염기 사이의 수소결합으로 이루어진 이중나선구조이다.

4 대장균의 젖당오페론이 활성화될 경우, 전사과정을 통해 RNA가 생성되고 이 RNA로부터 3종류의 단백질이 만들어지는데 이를 암호화하는 유전자는 LacZ, LacY, LacA이다.

정답 및 해설   1.① 2.③ 3.③ 4.③

5 세포 내에서 단백질 합성은 리보솜에 의해 이루어진다. 리보솜은 소포체와 결합되어 있는 형태 또는 세포질 내에 홀로 떨어져 있는 형태로 존재한다. 다음 중 소포체와 결합되어 있는 형태의 리보솜에서 만들어지는 단백질의 종류를 가장 잘 나타낸 것은?

① 핵으로 이동하여 DNA에 결합하는 단백질
② 세포 밖으로 배출되는 단백질
③ 리보솜 자체의 생성에 직접적으로 관련된 단백질
④ 리보솜과 직접 또는 간접적으로 결합하는 단백질

6 다양한 종류의 수용체들이 세포 내외 신호전달에 관여하고 있다. 다음의 수용체 중 리간드와의 결합을 통해 전사조절인자로 직접 기능할 수 있는 것은 무엇인가?

① 핵수용체
② G 단백질 결합 수용체
③ 타이로신 인산화효소 수용체
④ 이온통로 수용체

7 진핵생물의 세포주기는 사이클린 의존성 인산화효소(cyclindependent kinase, CDK)에 의해 조절된다. 다음 중 사이클린 E가 합성되기 시작하는 세포주기는?

① G1기   ② S기
③ G2기   ④ M기

8 다음 중 효소에 대한 설명으로 옳은 것은?

① 효소는 기질과 결합하여 반응물질의 자유에너지를 낮춘다.
② 효소의 특이성은 단백질의 2차 구조에 의해 결정된다.
③ 효소의 비경쟁적 억제제는 활성부위에 결합하여 효소의 구조변화를 유도한다.
④ 효소에 의해 촉매되는 반응의 속도는 효소억제제에 의하여 줄어들게 된다.

9 포도당이 산화되는 에너지 대사과정 중 미토콘드리아 기질에서 진행되는 시트르산 회로와 관련이 없는 것은?

① 포스포글리세르산

② α-케토글루타르산

③ 숙신산

④ 옥살아세트산

---

5 소포체와 결합되어 있는 형태의 리보솜(부착리보솜)에서 만들어지는 단백질은 세포 밖으로 배출되는 단백질이나 막에 삽입 또는 리소좀과 같은 소기관 내에 포함되는 단백질이다.

6 리간드와의 결합을 통해 전사조절인자로 직접 기능할 수 있는 것은 세포 내 수용체로 핵수용체, 세포질 수용체 등이 있다. ②③④ 세포막 수용체이다.

7 사이클린E가 합성되기 시작하는 세포주기는 G1기이다.

8 ① 효소는 기질과 결합하여 반응물질의 활성화에너지를 낮춘다.
② 효소의 기질 특이성은 단백질 3차 구조에 기인한다.
③ 효소의 비경쟁적 억제제는 비활성부위에 결합하여 효소의 구조변화를 유도한다.

9 포스포글리세르산은 캘빈 회로와 관련 있다.

정답 및 해설   5.②   6.①   7.①   8.④   9.①

10 엽록체의 틸라코이드 막에서 일어나는 비순환적 전자 전달 과정의 순서로 옳은 것은?

> ㉠ 광계 I의 엽록소가 700nm에서 빛을 최대로 흡수한다.
> ㉡ 광계 I은 전자운반체를 환원시킨다.
> ㉢ 물에서 온 양성자(H^+)와 전자전달사슬을 통한 전자전달은 ATP를 합성한다.
> ㉣ 광계 II의 엽록소가 680nm에서 빛을 최대로 흡수한다.

① ㉠→㉡→㉢→㉣
② ㉡→㉢→㉠→㉣
③ ㉢→㉣→㉡→㉠
④ ㉣→㉢→㉠→㉡

11 다음 중 후성유전(epigenetic inheritance)의 예를 가장 잘 설명한 것은?

① 특정 DNA 결합단백질은 프로모터로부터 멀리 떨어진 부위의 염기서열을 인식하여 RNA 중합효소를 안정화시켜 전사를 조절한다.
② 특정 단백질이 DNA의 메틸화를 유도하여 유전자 발현을 억제시킨다.
③ 특정 단백질 복합체는 핵에서 만들어진 pre-mRNA에서 인트론 부위를 제거하고 엑손을 연결시킨다.
④ 자외선 조사에 의해 생성된 잘못된 염기쌍은 특정 단백질효소에 의해 인식되어 수선된다.

12 사람이 공기를 흡입할 때 횡격막에 일어나는 변화로 옳은 것은?

① 수축하고 위로 상승한다.
② 수축하고 편평해진다.
③ 이완하고 위로 상승한다.
④ 이완하고 편평해진다.

13 다음은 혈중 Ca^{2+} 수준을 일정하게 유지하는 기작을 모식화한 그림이다. (㉠~㉣)로 옳은 것은?

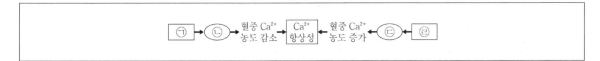

	㉠	㉡	㉢	㉣
①	갑상샘	부갑상샘호르몬(PTH)	칼시토닌(calcitonin)	부갑상샘
②	갑상샘	칼시토닌(calcitonin)	부갑상샘호르몬(PTH)	부갑상샘
③	부갑상샘	부갑상샘호르몬(PTH)	칼시토닌(calcitonin)	갑상샘
④	부갑상샘	칼시토닌(calcitonin)	부갑상샘호르몬(PTH)	갑상샘

---

10 비순환적 전자 전달과정
㉠ 광계Ⅱ의 엽록소가 680nm에서 빛을 최대로 흡수한다.
㉡ 물에서 온 양성자와 전자전달사슬을 통한 전자전달은 ATP를 합성한다.
㉢ 광계Ⅰ의 엽록소가 700nm에서 빛을 최대로 흡수한다.
㉣ 광계Ⅰ은 전자운반체를 환원시킨다.

11 후성유전은 DNA의 염기서열이 변화하지 않는 상태에서 이루어지는 유전현상으로 유전외적 유전이라고도 한다.
② DNA의 메틸화는 장기적으로 유전자 발현을 억제시키며 이는 DNA의 염기서열을 변화시키지는 않지만 다음 세대로 전달된다.

12 사람이 공기를 흡입할 때 횡격막은 수축하고 편평해진다.

13 갑상샘에서 분비된 칼시토닌은 혈중 Ca^{2+}의 농도를 감소시키고, 부갑상샘에서 분비된 부갑상샘호르몬은 혈중 Ca^{2+}의 농도를 증가시킨다. 이로써 혈중 Ca^{2+}수준이 일정하게 유지된다.

정답 및 해설 10.④ 11.② 12.② 13.②

14 다음은 신경계에 대한 설명이다. 옳은 것을 모두 고르면?

> ㉠ 중추신경계에서는 슈반세포가 수초를 형성한다.
> ㉡ 운동뉴런은 근육세포의 수축이나 분비샘의 분비를 자극한다.
> ㉢ 단일시냅스 경로에서 감각뉴런의 축삭의 말단은 중추신경계에 위치한다.
> ㉣ 감각뉴런, 연합뉴런, 운동뉴런 중 감각뉴런이 가장 많이 분포한다.

① ㉠, ㉡, ㉢   ② ㉠, ㉡, ㉣

③ ㉡, ㉢   ④ ㉡, ㉢, ㉣

15 다음 그래프는 항원 A와 B가 인체에 침입했을 때 생성되는 항체 농도 변화를 나타낸 것이다. 다음 설명 중 옳은 것을 모두 고르면?

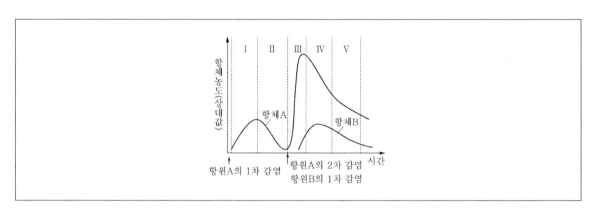

> ㉠ 구간 Ⅰ보다 구간 Ⅲ에서 항체 A가 빠르게 생성된다.
> ㉡ 구간 Ⅲ에서는 구간 Ⅰ보다 항체 A가 대량으로 생산된다.
> ㉢ 구간 Ⅴ에는 항원 A와 항원 B에 대한 기억세포가 모두 존재한다.
> ㉣ 구간 Ⅴ에서 항원-항체반응은 항원 A보다 항원 B가 더 활발하게 일어난다.
> ㉤ 구간 Ⅰ에서는 기억세포가 항체를 직접 생성한다.

① ㉠, ㉡, ㉢   ② ㉠, ㉡, ㉢, ㉣

③ ㉠, ㉡, ㉢, ㉤   ④ ㉠, ㉡, ㉣, ㉤

16 대기 중의 질소와 생명체의 질소화합물 사이에는 순환이 일어나는데, 다음 중 생태계 구성원에 의한 질소 순환에 대한 설명으로 옳은 것은?

① 식물은 대기 중의 질소를 이용하여 질산염이온을 합성한다.
② 질소고정세균은 대기 중 질소를 암모늄이온으로 만든다.
③ 질화세균은 질산염이온을 암모늄이온으로 전환시킨다.
④ 식물은 질산염이온을 공기 중의 질소로 전환한다.

---

14 ㉠ 중추신경계에서는 희소돌기아교세포가 수초를 형성한다.
㉣ 연합뉴런이 가장 많이 분포한다.

15 ㉣ 구간Ⅴ에서 항원-항체반응은 항원 B보다 항원 A가 더 활발하게 일어난다.
㉤ 기억세포가 항체를 직접 생성하는 것이 아니라 형질세포가 항체를 생성한다.

16 ① 식물은 대기 중의 질소를 직접 이용하지 못한다.
③ 질산염이온을 암모늄이온으로 전환시키는 것은 질산 환원세균이다.
④ 질산염이온을 공기 중의 질소로 전환하는 것은 탈질소세균이다.

정답 및 해설 14.③ 15.① 16.②

17 멘델식 유전양상을 보이는 형질에 대해 다음의 교배 결과 동형접합체와 이형접합체 자손 수의 비가 1 : 1 로 나올 수 있는 경우를 모두 고르면? (단, R과 r은 동일한 형질에 대한 대립유전자이다.)

> ㉠ RR × Rr
> ㉡ Rr × Rr
> ㉢ rr × Rr

① ㉠, ㉡   ② ㉠, ㉢
③ ㉡, ㉢   ④ ㉠, ㉡, ㉢

18 알츠하이머 병을 앓다가 사망한 사람의 뇌조직에서 질환의 원인이 되는 유전자를 탐색(screening)하고자 한다. 다음 중 어떤 연구방법을 이용하는 것이 가장 적절한가?

① DNA 지문감식(DNA fingerprinting)
② DNA 유전자 미세배열(DNA microarray)
③ 중합효소 연쇄반응(polymerase chain reaction, PCR)
④ 단백질체학(proteomics)을 이용한 구조의 분석

19 피토크롬(phytochrome)은 빛의 파장을 감지하여 특정 유전자의 전사를 자극한다. 피토크롬에 의한 전사 자극의 설명으로 옳은 것을 모두 고르면?

> ㉠ P_r형 피토크롬은 핵으로 이동한다.
> ㉡ P_{fr}형 피토크롬은 전사인자와 상호작용한다.
> ㉢ P_{fr}형 피토크롬은 암소에서 P_r형으로 전환된다.

① ㉠, ㉡   ② ㉠, ㉢
③ ㉡, ㉢   ④ ㉠, ㉡, ㉢

20 지구상의 생명체는 세균(진정세균), 고세균 및 진핵생물의 세 영역(domain)으로 이루어져 있다. 다음 세 영역에 대한 설명으로 옳은 것은?

① 세균(진정세균)의 막지질은 에테르(ether) 결합이다.

② 고세균의 리보솜(ribosome)은 80S이다.

③ 진핵생물의 개시 tRNA는 포르밀메티오닌(formyl methionine)이다.

④ 고세균에는 오페론(operon)이 있다.

---

17 ㉠ RR × Rr → (RR, RR) : (Rr, Rr)

ㄴ Rr × Rr → (RR, rr) : (Rr, Rr)

ㄷ rr × Rr → (rr, rr) : (Rr, Rr)

18 유전자 미세배열이란 조사해야 할 대상물(DNA 또는 단백질 등)을 많이 배열, 토막(CHIP)으로 배치한 다음 고정화한 것을 말한다. 특정 세포가 발현하는 유전자가 무엇인지를 알아내는 데 이용한다.

19 ㉠ 불활성상태의 P_r형 피토그램이 빛에 노출되면 생리적으로 활성을 갖는 P_{fr}형으로 전환되면서 핵으로 이동한다.

20 ① 세균의 막지질은 에스터(ester) 결합이다.

② 고세균의 리보솜은 70S이다.

③ 진핵생물의 개시 tRNA는 메티오닌이다.

정답 및 해설 17.④ 18.② 19.③ 20.④

1 시금치의 공변세포와 바이러스의 공통점으로 옳은 것은?

① 광합성을 한다.

② 핵산을 가지고 있다.

③ 리보솜을 가지고 있다.

④ 세포벽을 가지고 있다.

2 다음 설명에 해당하는 생체 내 구성 성분과 괄호 안에 들어갈 용어가 옳게 짝지어진 것은?

- 생명체를 구성하는 성분 중 가장 많은 양을 차지하는 물질이다.
- 극성 물질로 분자 사이에 수소결합을 하고 있어 강한 응집력을 갖는다.
- (　　)이 높아 생물체의 체온이 쉽게 올라가거나 내려가는 것을 막아 준다.

---

① 단백질 – 비열　　　　　　　② 단백질 – 녹는점

③ 물 – 녹는점　　　　　　　　④ 물 – 비열

3 ATP에 대한 설명으로 옳은 것은?

① ATP를 구성하는 당은 디옥시리보스이다.

② ATP가 ADP와 무기 인산으로 분해될 때 에너지가 방출된다.

③ ATP는 당, 염기, 두 개의 인산기로만 구성된다.

④ ATP를 구성하는 염기는 알라닌이다.

4 그림은 사람 세포의 염색체 구조를 나타낸 것이다. 이에 대한 설명으로 옳은 것만을 고른 것은? (단, 돌연변이는 고려하지 않는다)

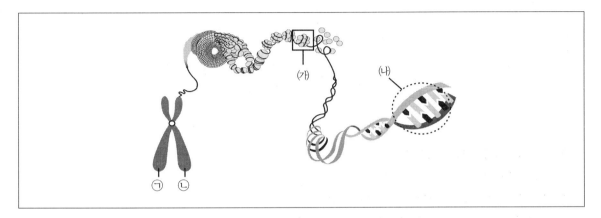

ⓐ ㉠은 ㉡의 상동 염색체이며 유전적으로 동일하다.
ⓑ ㈎는 뉴클레오솜이다.
ⓒ ㈏는 DNA이고, 2중 나선 구조이다.

① ⓐ
② ⓐ, ⓑ
③ ⓑ, ⓒ
④ ⓐ, ⓑ, ⓒ

---

1 시금치의 공변세포는 식물세포로, 진핵세포로 구성되어 있다. 엽록체가 있어 광합성을 하고 핵막으로 둘러싸인 핵산을 가지고 있으며 리보솜과 셀룰로오스 성분의 세포벽을 가진다.
바이러스는 생물과 무생물의 중간형으로 핵산은 DNA또는 RNA를 가지며 핵막은 없다. 또한 리보솜, 세포벽, 엽록체를 가지지 않는다.

2 물은 인체 내 약 70%를 차지하는 물질로 극성 물질이므로 물질을 잘 용해시켜 운반시키는 작용을 잘할 수 있으며 비열이 높아 체온이 쉽게 변하는 것을 막아주어 체온유지에 기여한다.

3 ① ATP를 구성하는 당은 RNA를 구성하는 당과 동일한 리보스이다.
③ ATP는 당, 염기, 세 개의 인산기로 구성되어 있다.
④ ATP를 구성하는 염기는 아데닌이다.

4 ⓐ ㉠과 ㉡은 염색분체로 복제한 가닥으로 100% 유전 형질이 동일하며, 이는 부계 또는 모계로부터 받은 하나의 염색체로 상동염색체가 아니다.
ⓑ ㈎는 DNA와 히스톤 단백질로 이루어진 뉴클레오솜이다.
ⓒ ㈏는 2중 나선 구조로 유전 정보를 저장하고 있는 DNA이다.

정답 및 해설 1.② 2.④ 3.② 4.③

5 그림은 어떤 폴리펩타이드의 구조식을 나타낸 것이다. 이에 대한 설명으로 옳지 않은 것은?

① 펩타이드 결합 수는 3개이다.
② ㉠은 아미노기, ㉡은 카복시기이다.
③ 네 종류 아미노산의 결합으로 합성된 것이다.
④ 소화 효소에 의해 분해되면 세 분자의 물이 생성된다.

6 생물 다양성과 환경에 대한 설명으로 옳지 않은 것은?

① 동일한 생물 종이라도 형질이 각 개체 간에 다르게 나타나는 것은 생태계 다양성이다.
② 서식지 파괴는 생물 다양성 감소의 원인이 된다.
③ 종 다양성이 높을 때가 낮을 때보다 생태계가 안정적으로 유지된다.
④ 같은 종의 달팽이에서 껍데기의 무늬와 색깔이 다양하게 나타나는 것은 유전적 다양성에 해당한다.

7 골격근의 수축에 대한 설명으로 옳은 것만을 모두 고른 것은?

㉠ 근수축의 직접적인 에너지원은 ATP이다.
㉡ 골격근은 근육 섬유라는 세포로 구성된다.
㉢ 근육이 수축할 때는 근절(근육 원섬유 마디)의 길이가 짧아진다.

① ㉠ 　　　　　　　　　　　　② ㉢
③ ㉠, ㉡ 　　　　　　　　　　④ ㉠, ㉡, ㉢

8 그림은 사람 체세포의 세포주기를 나타낸 것이다. ㉠~㉢은 각각 G_1기, G_2기, S기 중 하나이다. 이에 대한 설명으로 옳은 것은?

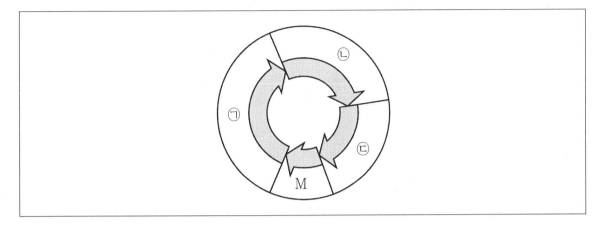

① ㉠은 G_2기이다.

② ㉡ 시기에 DNA가 복제된다.

③ ㉢ 시기에 있는 세포의 염색체 수는 n이다.

④ M기에서 세포판이 관찰된다.

---

5 ④ 아미노산 두 개가 펩타이드 결합할 때 1분자의 물이 생성되므로 분해할 때는 세 분자의 물이 들어가야 분해되는 가수분해 반응이 일어난다.

6 ① 동일한 생물종에서 형질이 각 개체 간에 다르게 나타나는 것은 유전적 다양성이다.

7 근수축은 ATP 에너지를 이용해 일어나며 골격근은 근육 섬유라는 거대 다핵세포로 구성되며 근수축 시 근절의 길이가 짧아지고 H대, I대 길이도 짧아진다.

8 ① ㉠은 G_1기이다.
③ ㉢시기에 있는 염색체 수는 2n이다.
④ 사람의 체세포 분열에서 세포질 분열은 세포질이 만입되어 일어나므로 세포판이 관찰되지 않는다. 세포판은 식물 세포의 세포질 분열에서만 일어난다.

정답 및 해설 5.④ 6.① 7.④ 8.②

9 그림은 사람의 체내에서 물질이 이동하는 경로를 나타낸 것이다. A와 B는 O_2와 CO_2 중 하나이고, (가)~(다)는 각각 배설계, 소화계, 호흡계 중 하나이다. 이에 대한 설명으로 옳은 것만을 고른 것은?

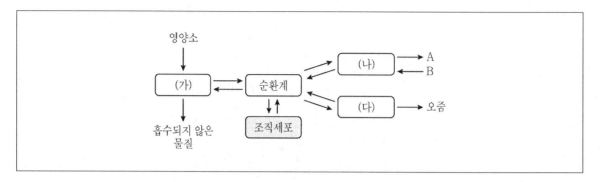

ㄱ. A는 세포 호흡 결과 발생하는 물질로, 모세혈관에서 폐포로 이동할 때 에너지가 필요하다.
ㄴ. 간은 (가)에 속하는 기관이다.
ㄷ. (다)에서 암모니아가 요소로 전환된다.

① ㄴ

② ㄱ, ㄴ

③ ㄱ, ㄷ

④ ㄴ, ㄷ

10 식사 후 그림 (개는 혈당량의 변화를, (내는 같은 시간 동안 이자 호르몬 ㉠의 농도 변화를 나타낸 것이다. 호르몬 ㉠에 대한 설명으로 옳은 것만을 모두 고른 것은?

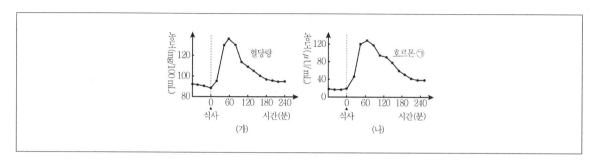

㉠ 이자섬의 α 세포에서 분비된다.
㉡ 간세포의 글리코젠 저장량을 증가시킨다.
㉢ 체세포에서 포도당의 흡수를 촉진한다.

① ㉡
② ㉠, ㉢
③ ㉡, ㉢
④ ㉠, ㉡, ㉢

9 ㉠ A는 세포 호흡 결과 발생하는 물질인 이산화탄소이며 모세혈관에서 폐포로 이동할 때 분압차에 따른 확산에 의해 일어나므로 별도의 에너지가 필요하지 않다.
㉢ (대는 콩팥으로, 오줌을 생성하는 기관이며 암모니아가 요소로 전환되는 기관은 간이다.

10 식사 후 호르몬 ㉠의 농도가 높아지는 것으로 보아 혈당량을 감소시키는 호르몬인 인슐린으로 볼 수 있다. 인슐린은 이자섬의 β 세포에서 분비되며 간에서 포도당을 글리코젠으로 전환하여 저장함으로써 혈당량을 낮춘다. 또한 체세포로 포도당 흡수를 촉진시켜 혈액 속의 포도당의 농도를 줄일 수 있다.

11 그림 (가)는 영희네 가족의 ABO식 혈액형 가계도이고, (나)는 일반적인 혈액형 판정 검사 결과를 모두 나타낸 것이다. 이에 대한 설명으로 옳은 것은? (단, 돌연변이 등 다른 조건은 고려하지 않는다)

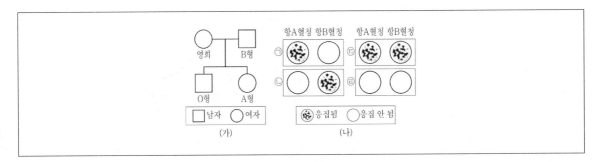

(가)   (나)

① 영희는 ⓛ과 같은 결과를 보인다.
② 영희의 딸은 ⓒ과 같은 결과를 보인다.
③ 영희의 아들은 적혈구만 수혈 시 모든 ABO식 혈액형의 사람에게 수혈이 가능하다.
④ 영희와 남편이 자식을 한 명 더 낳았을 때, 영희와 같은 혈액형일 확률은 50 %이다.

12 다음 생명 현상의 특성과 가장 관련이 있는 것은?

> • 물이 부족한 사막에 사는 사막두꺼비는 수분 손실을 줄이기 위해 비가 올 때까지 땅 속에서 여름잠을 잔다.
> • 사막에 사는 낙타는 모래의 침입을 막기 위해 콧구멍을 자유롭게 열고 닫으며, 속눈썹이 빽빽하게 나 있다.

① 애벌레는 번데기를 거쳐 나비가 된다.
② 선인장의 가시는 잎이 변형된 것이다.
③ 미모사의 잎은 손을 대면 오므라든다.
④ 포도당 수용액이 든 병 속에 효모를 두면 병 내부의 온도가 상승한다.

13 그림은 사람의 몸을 구성하는 단계를 나타낸 것이다. A~C는 각각 기관, 기관계, 조직 중 하나이다. 이에 대한 설명으로 옳지 않은 것은?

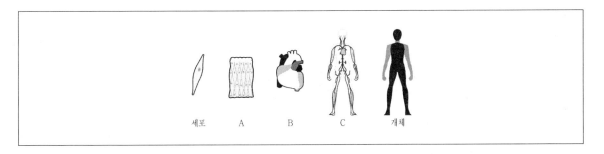

① A는 조직이다.
② 식물은 B의 단계를 갖는다.
③ C는 비슷한 형태와 기능을 가진 세포들이 모인 것이다.
④ 개체는 유기적이고 정교한 체제를 갖추고 있다.

---

11 항A혈청은 응집소 α 를 가지므로 항A혈청과 응집이 일어날 경우 응집원 A가 있으며 항B혈청은 응집소 β 를 가지므로 항B혈청과 응집이 일어날 경우 응집원 B가 있다. 따라서 ㈏의 ㉠은 A형, ㉡은 B형, ㉢은 AB형, ㉣은 O형이다.
영희의 아들이 O형이므로 영희 부부는 O유전자를 하나씩 가지며 영희의 남편은 BO인 유전자형을 가진다. 영희의 딸은 A형이므로 영희는 유전자형이 AO임을 알 수 있다. 영희의 아들은 O형이므로 적혈구만 수혈 시 응집원을 가지지 않으므로 모든 ABO식 혈액형의 사람에게 수혈이 가능하다.
① 영희는 A형이므로 ㉠과 같은 결과를 보인다.
② 영희의 딸도 A형이므로 ㉠과 같은 결과를 보인다.
④ 영희와 남편이 자식을 한 명 더 낳았을 때 자식이 A형일 확률은 1/4이다.

12 적응과 진화에 대한 설명으로 ①은 발생과 생장의 예이며 ③은 자극과 반응, ④는 물질대사에 대한 예이다.

13 A는 조직, B는 기관, C는 기관계이다.
③ C는 비슷한 형태와 기능을 가진 기관들이 모인 것이다.

정답 및 해설 11.③ 12.② 13.③

14 그림은 호르몬의 분비 조절 방식 중 하나를 나타낸 것이다. 이에 대한 설명으로 옳은 것만을 모두 고른 것은?

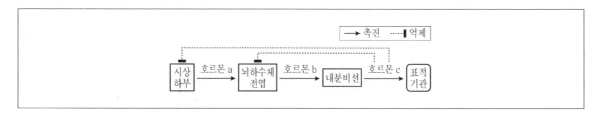

    ㉠ 음성 피드백에 의해 분비량이 조절되는 방식이다.

    ㉡ 뇌하수체를 제거하면 호르몬 c의 분비량이 감소한다.

    ㉢ 혈관에 호르몬 c를 주사하면 호르몬 a의 분비가 증가한다.

① ㉠

② ㉢

③ ㉠, ㉡

④ ㉡, ㉢

15 그림은 식물 세포에서 일어나는 물질과 에너지 이동의 일부를 나타낸 것이다. A와 B는 세포소기관이며, ㉠과 ㉡은 산소와 이산화탄소 중 하나이다. 이에 대한 설명으로 옳지 않은 것은?

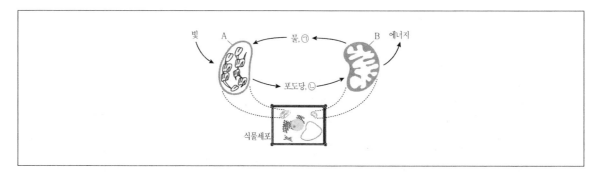

① ㉠은 이산화탄소, ㉡은 산소이다.

② A에서는 광합성이 일어난다.

③ B에서는 유기물을 산화시켜 에너지를 얻는 이화작용이 일어난다.

④ A에서 생성된 포도당의 모든 에너지는 B에서 ATP 합성에 이용된다.

16 가시에 찔려 피부 조직이 세균에 감염되었을 때 일어나는 염증반응에 대한 설명으로 옳지 않은 것은?

① 히스타민은 혈류량을 증가시킨다.
② 히스타민은 비만세포에서 분비된다.
③ 염증반응은 특이적 면역반응의 예이다.
④ 백혈구는 식균작용을 통해 세균을 제거한다.

17 다음은 지의류와 지렁이에 대한 설명이다. 공통으로 나타난 생태계 구성 요소 사이의 관계에 해당하는 사례는?

> • 지의류는 산성 물질을 분비하여 바위의 토양화를 촉진한다.
> • 지렁이가 토양층에 틈을 만들어 토양의 통기성이 높아진다.

① 숲에 나무가 우거지면 숲의 습도는 높아진다.
② 빛의 파장에 따라 해조류의 분포가 달라진다.
③ 토끼풀의 수가 증가하면 토끼의 수가 증가한다.
④ 가을에 기온이 낮아져서 은행나무의 잎이 노랗게 변한다.

---

14 결과가 원인을 억제하는 방향으로 조절되는 음성 피드백에 의한 조절 방법이다.
ⓒ 혈관에 호르몬 c를 주사하면 시상하부에서 억제 신호가 작용되어 호르몬 a와 호르몬 b 모두 감소한다.

15 ㉠은 세포 호흡에 의해 생성되어 광합성에 이용되는 이산화탄소이며 ㉡은 광합성 결과 생성되는 기체인 산소이다. A는 광합성이 일어나는 엽록체이며 B는 세포호흡이 일어나는 미토콘드리아이다.
④ 엽록체에서 생성된 포도당의 에너지는 세포호흡에 이용되기도 하고 식물에서 저장 에너지원으로 이용하기도 한다.

16 가시에 찔려 피부 조직이 세균에 감염되었을 때 비만세포가 모여들고 비만세포가 터지면서 히스타민이라는 물질이 분비되고 혈류량을 증가시켜 많은 수의 백혈구가 식균작용을 통해 세균을 제거한다. 이는 1차 방어작용으로 비특이적, 선천적 면역 반응이다.

17 생물이 비생물적 요소에 영향을 미치는 반작용의 예이다.
② 비생물적 요소인 빛이 생물에게 영향을 미치는 작용의 예이다.
③ 생물과 생물 간의 상호작용의 예이다.
④ 비생물적 요소인 기온이 생물에게 영향을 미치는 작용의 예이다.

정답 및 해설 14.③ 15.④ 16.③ 17.①

18 그림은 어떤 사람의 체세포를 채취하여 핵형 분석을 한 결과를 나타낸 것이다. 이에 대한 설명으로 옳지 않은 것은?

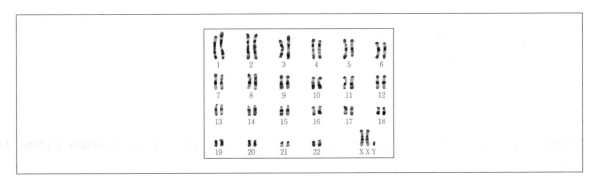

① 염색체 수는 $2n+1$이다.

② 상염색체는 44개이다.

③ 클라인펠터 증후군의 염색체 이상을 보인다.

④ 핵형 분석 결과에서 낫 모양 적혈구 빈혈증 여부를 알 수 있다.

19 그림은 X라는 쥐에 어떤 항원 A와 B를 주사했을 때 항체들의 농도 변화를 나타낸 것이다. 이에 대한 설명으로 옳은 것만을 모두 고른 것은?

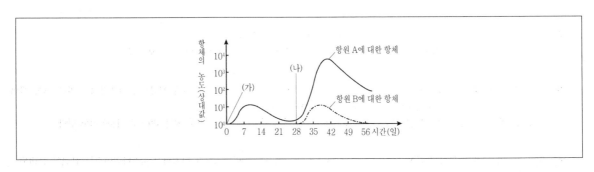

㉠ (가) 시기에는 항원 A만 주사하였다.

㉡ (나) 시기에는 항원 A와 항원 B를 모두 주사하였다.

㉢ 어떤 항원을 처음 주사했을 때와 2차 주사했을 때 그 항원에 대한 항체 생성 양은 같다.

① ㉠

② ㉡

③ ㉢

④ ㉠, ㉡

20 그림 (가)는 애기짚신벌레와 짚신벌레를 각각 다른 용기에서 단독 배양했을 때, (나)는 같은 용기에서 동시에 배양했을 때 시간에 따른 개체수를 나타낸 것이다. 이에 대한 설명으로 옳지 않은 것은?

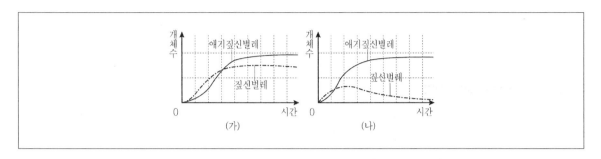

① 군집 내 개체군 간의 상호작용 예이다.

② (가)보다 (나)에서 짚신벌레는 환경 저항을 크게 받는다.

③ (나)에서는 애기짚신벌레와 짚신벌레 사이에 경쟁이 일어나고 있다.

④ 스라소니와 눈신토끼는 애기짚신벌레와 짚신벌레의 상호작용과 같은 유형의 상호작용을 한다.

---

18 ④ 핵형 분석 결과에서는 염색체에 의한 이상만 확인할 수 있다. 낫 모양 적혈구 빈혈증은 유전자 돌연변이의 대표적인 예로 생화학적 검사를 통해 확인이 가능하다.

19 (가)는 항원 A를 처음 주사했을 때 일어나는 1차 면역 반응으로 속도가 느리고 소량의 항체가 생성된다. (나)는 항원 A에 대해서는 2차 면역 반응이 일어나는데 이는 이미 생성된 기억 세포가 형질 세포로 **빠르게** 분화하여 다량의 항체를 **빠르게** 생성한다. 하지만 항원 B는 처음 주사된 시점으로 항원 B에 대해서는 1차 면역 반응이 일어나고 있다.
ⓒ 항원을 처음 주사했을 때는 항체가 소량 생성되며 같은 항원을 2차 주사했을 때는 다량의 항체가 생성된다.

20 군집 내 상호작용의 예로 애기짚신벌레와 짚신벌레 사이에서는 경쟁이 일어나고 있다. 둘은 서로 다른 종이다.
④ 스라소니와 눈신토끼는 군집 내 상호작용 중 피식과 포식의 대표적인 예에 해당한다.

정답 및 해설 18.④ 19.④ 20.④

1 사람의 유전병에 대한 설명으로 옳은 것은?

① 클라인펠터증후군인 사람의 성염색체 구성은 XXX이다.
② 터너증후군은 염색체 구조 이상 돌연변이로 나타나는 유전병이다.
③ 고양이 울음 증후군의 경우 상염색체의 일부가 결실되어 나타난다.
④ 낫 모양 적혈구 빈혈증은 핵형 분석을 통해 질병의 여부를 확인할 수 있다.

2 그림 (가)와 (나)는 각각 동물과 식물의 구성 단계를 나타낸 것이다. 다음 중 A ~ C에 해당하는 예를 바르게 나열한 것은?

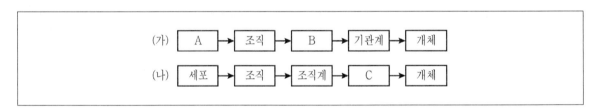

	A	B	C
①	상피	세포혈액	잎
②	백혈구	심장	줄기
③	엽육	세포폐	꽃
④	근육	세포간	물관

3 그림 (가)와 (나)는 서로 다른 두 지역에서 일어나는 천이 과정을 나타낸 것이다. 이에 대한 설명으로 옳은 것만을 모두 고른 것은?

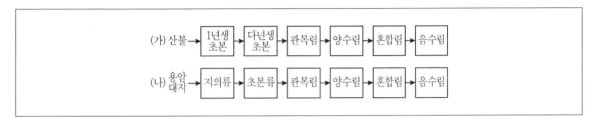

⊙ 천이 진행 속도는 (가)보다 (나)가 빠르다.
ⓛ (가)와 (나)의 개척자는 초본류로 동일하다.
ⓒ 천이가 진행될수록 지표면에 도달하는 햇빛의 양은 감소한다.

① ⊙

② ⓒ

③ ⊙, ⓛ

④ ⓛ, ⓒ

---

1 고양이 울음 증후군의 경우 5번 염색체 결실로 인해 나타나는 병이다.
① 클라인펠터 증후군 사람의 염색체 구성은 XXY이다.
② 터너증후군은 염색체 수 이상 돌연변이이다. 성 염색체가 하나인 X로 구성되어 있다.
④ 핵형 분석은 염색체 이상에 의한 질병의 여부만 알 수 있다. 낫 모양 적혈구 빈혈증은 유전자 돌연변이이므로 핵형분석을 통해 알 수 없다.

2 A, B, C에 각각 들어갈 용어는 세포, 기관, 기관계이다.
① 혈액은 조직이다.
③ 엽육세포는 식물의 세포이므로 A에 들어갈 수 없다.
④ 물관은 통도조직에 속한다.

3 ⊙ (가)는 2차 천이로 (나) 1차 천이보다 속도가 빠르다.
ⓛ (가)는 2차 천이로 개척자가 초본 (나)는 1차 천이로 개척자가 지의류이다.
ⓒ 천이가 진행될수록 관목류가 증가하므로 토양으로 도달하는 빛의 양이 감소한다.

정답 및 해설 1.③ 2.② 3.②

4 그림은 어떤 학생의 혈액에 항A 혈청과 항B 혈청을 각각 떨어뜨려 응집 여부를 확인한 결과이다. 이에 대한 설명으로 옳은 것은? (단, −표시는 응집이 일어나지 않음을, +표시는 응집이 일어남을 나타낸다)

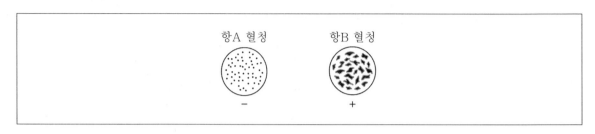

① 이 학생의 혈액형은 A형이다.
② 이 학생의 혈액에는 응집원 A가 존재한다.
③ 이 학생의 혈액에는 응집소 β 가 존재한다.
④ 이 학생은 혈액형이 B형인 사람에게 수혈해 줄 수 있다.

5 그림 (가)는 무릎을 고무망치로 쳤을 때의 반응을, (나)는 근육 원섬유 마디의 구조를 나타낸 것이다. (가)와 같이 다리가 올라갈 때 근육 X에서 일어나는 변화로 옳은 것은?

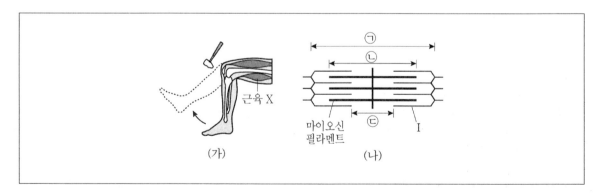

① ㉠의 길이는 짧아진다.
② ㉡의 길이는 변하지 않는다.
③ ㉢의 길이는 변하지 않는다.
④ I의 길이는 길어진다.

6 생명체를 구성하는 기본 물질에 대한 설명으로 옳은 것은?

① 핵산을 구성하는 기본 단위는 뉴클레오솜이다.

② 단백질의 펩타이드 결합을 형성할 때 물 분자가 첨가된다.

③ 동물 세포에서는 탄수화물이 주로 녹말의 형태로 저장된다.

④ 중성 지방과 물은 생물의 체온 유지에 중요한 역할을 한다.

---

4 항B 혈청은 표준 A형 혈청으로 A형의 혈액에서 혈청 부분만 추출한 것으로 응집소 β가 들어있다. 그림에서 항B 혈청과 응집 반응이 일어났으므로 혈액형은 B형임을 알 수 있다.

5 다리가 올라갈 때 근육X는 이완된다.
② ㉡은 A대로 수축, 이완에 관계없이 길이가 일정하다.
① ㉠은 근육원섬유마디(근절)로 근육 이완 시 길이진다.
③ ㉢은 H대로 이완 시 길이진다.
④ I 는 액틴필라멘트로 근육 이완 시 길이 변화가 없다.

6 ① 핵산을 구성하는 기본 단위는 뉴클레오타이드이다.
② 아미노산이 펩타이드 결합을 형성할 때 물 분자가 빠져나간다.(탈수축합반응)
③ 동물 세포에서는 탄수화물을 글리코젠 형태로 저장한다.(녹말은 식물이 저장하는 형태)

정답 및 해설 4.④ 5.② 6.④

7 그림은 양지 식물과 음지 식물의 빛의 세기에 따른 광합성량을 나타낸 것이다. 이에 대한 설명으로 옳은 것은?

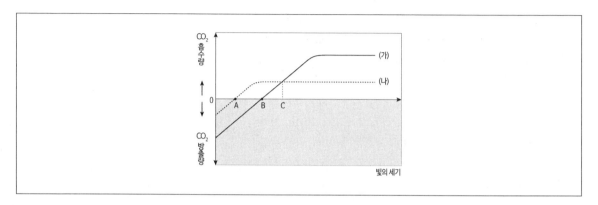

① (가)는 음지 식물에 해당한다.

② A는 (나)의 광포화점에 해당한다.

③ B에서 (가)의 광합성량과 호흡량은 같다.

④ C보다 빛의 세기가 약한 환경에서는 (가)가 (나)보다 생존에 유리하다.

8 그림은 두 쌍의 대립 유전자를 염색체 상에 나타낸 것이다. 이에 대한 설명으로 옳지 않은 것은? (단, 생식세포 형성 과정에서 교차나 돌연변이는 고려하지 않는다)

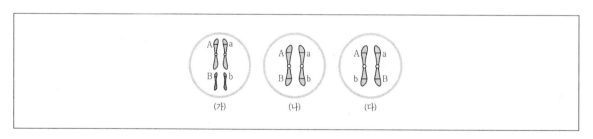

① (가)에서 A와 B는 서로 영향을 주지 않고 독립적으로 유전된다.

② (나)에서 생식세포 형성 시 A와 B는 반드시 같은 세포로 들어간다.

③ (나)에서 A와 a는 감수 2 분열에서 분리되어 서로 다른 세포로 들어간다.

④ (다)에서 유전자형이 aB인 생식세포가 형성될 확률은 50%이다.

9 그림은 계절에 따른 돌말 개체군의 개체수 변화를 나타낸 것이다. 이에 대한 설명으로 가장 적절한 것은?

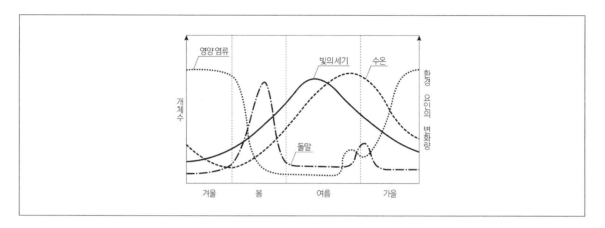

① 봄철 돌말 개체수의 증가는 영양 염류의 감소 때문이다.

② 수온의 변화는 돌말 개체수 변화에 영향을 미치지 않는다.

③ 돌말 개체수의 주기적 변동에는 한 가지 요인만이 작용한다.

④ 여름에 돌말 개체수가 증가하지 못하는 것은 영양 염류가 적기 때문이다.

---

7 B는 양지 식물의 보상점으로 호흡량과 광합성량이 같다.
   ① (가)는 보상점과 광포화점이 높은 양지 식물에 해당한다.
   ② A는 음지 식물의 보상점에 해당한다.
   ④ C보다 빛의 세기가 약한 환경에서는 호흡량이 비교적 적은 음지 식물이 생존에 유리하다.

8 (나)에서 A와 a는 대립 유전자로 상동염색체가 분리되는 감수 1분열에서 분리되어 서로 다른 세포로 들어간다.

9 ① 봄철 돌말 개체수의 증가는 수온의 증가 때문이다.
   ②③ 수온과 영양 염류 모두 돌말 개체수 변화에 영향을 미친다.

정답 및 해설 7.③ 8.③ 9.④

10 그림 (가)는 신경 세포에 역치 이상의 자극을 주었을 때 나타나는 막전위 변화이고, (나)는 이 신경세포막을 통해 물질이 이동하는 모습(Ⅰ ~ Ⅲ)을 나타낸 것이다. 이에 대한 설명으로 옳은 것은?

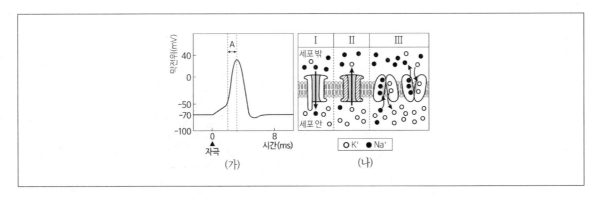

(가) (나)

① A구간에서 Ⅰ과 같은 물질 이동이 일어난다.

② A구간에서는 분극 상태로 된다.

③ Ⅱ와 같은 물질 이동에는 ATP가 소모된다.

④ 0 ~ 8 ms구간에서 Ⅲ과 같은 물질 이동은 일어나지 않는다.

11 다음은 어느 과학자의 각기병 연구에 관한 〈탐구 과정〉을 순서 없이 나타낸 것이다. 이에 대한 설명으로 옳은 것은?

〈탐구 과정〉

(가) 백미를 먹은 닭은 각기병이 치료되지 않았지만, 현미를 먹은 닭은 건강해졌다.

(나) '현미에는 각기병을 치료하는 물질이 들어 있다'로 결론지었다.

(다) 각기병에 걸린 닭을 두 집단으로 나누어 기르면서 한 집단에는 현미를, 다른 집단에는 백미를 먹이로 주었다.

(라) '현미에 각기병을 치료하는 물질이 있어서 각기병에 걸린 닭이 나았을 것이다'라고 생각하였다.

(마) 각기병에 걸린 닭이 나은 것을 보고 그 이유에 대해서 의문을 가졌다.

① 조작변인은 각기병의 발병 여부이다.

② 백미를 먹인 집단은 대조군이다.

③ (다)는 가설설정 단계에 해당한다.

④ 올바른 탐구순서는 (마)→(다)→(라)→(나)→(가)이다.

12 그림 (가)는 어떤 생물의 체세포 ⊙과 ⊙을 현미경으로 관찰한 결과를, (나)는 이 세포의 핵 속에 존재하는 어떤 구조를 나타낸 것이다. (가)에서 진하게 염색된 부위에는 DNA가 존재한다. 이에 대한 설명으로 옳은 것은? (단, ⊙과 ⊙은 각각 간기와 분열기 중 하나이다)

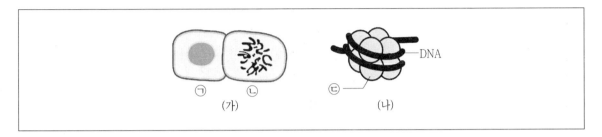

① (가)의 ⊙은 분열기에 해당하는 세포이다.
② (가)의 ⊙은 S기에 해당하는 세포이다.
③ (나)는 ⊙과 ⊙에 모두 존재한다.
④ ⓒ을 구성하는 기본 단위는 뉴클레오타이드이다.

---

10 A구간은 나트륨이온이 세포 밖에서 세포 안으로 유입되는 시기이다.(탈분극)
　② A구간은 탈분극 상태이다.
　③ Ⅱ와 같은 물질 이동은 확산으로 ATP소모가 일어나지 않는 수동 수송이다.
　④ 모든 구간에서 나트륨-칼륨 펌프는 작동한다.

11 현미에 각기병 치료 물질이 들어있는지 확인하기 위한 실험으로 현미를 먹이지 않고 백미를 먹인 집단은 대조군이다.
　① 각기병의 발병 여부는 실험 결과에 해당하는 종속변인이다.
　③ (다)는 탐구 수행 단계이다.
　④ 올바른 탐구 순서는 (마)→(라)→(다)→(가)→(나) 이다.

12 DNA와 히스톤단백질로 구성되어 있는 뉴클레오솜은 간기와 분열기 모두에 존재한다.
　① (가)의 ⊙은 핵막이 뚜렷한 간기에 해당하는 세포이다.
　② (가)의 ⊙은 분열기에 해당하는 세포이다. S기는 간기에 속한다.
　④ ⓒ을 구성하는 기본 단위는 뉴클레오솜이다.

13 그림은 세포 소기관 중 핵, 미토콘드리아, 리소좀을 구분하는 과정을 나타낸 것이다. 이에 대한 설명으로 옳은 것은?

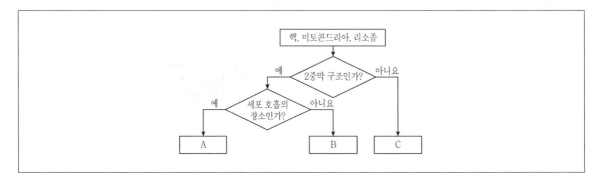

① A에서는 이화 작용에 의해 유기물을 분해하여 ATP를 만든다.
② B에는 가수분해 효소가 있어서 세포 내 소화를 담당한다.
③ C는 식물 세포에 발달되어 있으며 노폐물을 저장한다.
④ A와 B는 모두 세포 분열 중기의 세포에서 관찰된다.

14 그림은 체내에 항원이 처음 침입했을 때 일어나는 면역 반응의 일부를 나타낸 것이다. ㉠과 ㉡은 각각 기억 세포와 형질 세포 중 하나이다. 이에 대한 설명으로 옳은 것은?

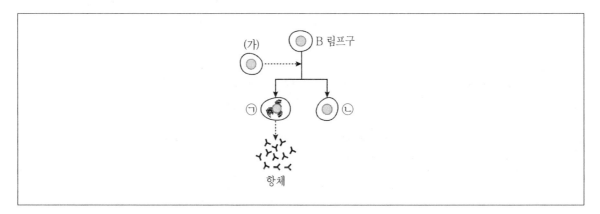

① 이 반응은 특이적 면역에 해당한다.
② ㉠은 기억 세포이고, ㉡은 형질 세포이다.
③ (가)는 세포독성 T 림프구이다.
④ 동일한 항원이 다시 침입하면 형질 세포가 기억 세포로 분화된다.

15 그림은 체온이 낮아질 때 사람의 체온 조절 과정의 일부를 나타낸 것이다. 이에 대한 설명으로 옳지 않은 것은? (단, ㉠은 신경이고, ㉡, ㉢, ㉣은 호르몬이다)

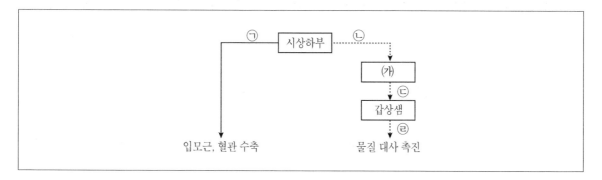

① (가)는 뇌하수체 전엽이다.
② ㉠은 교감신경이다.
③ ㉢은 갑상샘자극호르몬(TSH)이다.
④ ㉣이 증가하면 ㉡의 분비도 증가한다.

---

13 A는 미토콘드리아, B는 핵, C는 리소좀이다.
  ② 가수분해 효소가 있어 세포 내 소화를 담당하는 세포 소기관은 리소좀이다.
  ③ 식물세포에 발달되어 있으며 노폐물을 저장하는 세포 소기관은 액포이다.
  ④ 핵은 세포분열 시 핵막이 사라지므로 중기 세포에서 관찰되지 않는다.

14 B 림프구에 의해 항체를 생성하는 체액성 면역은 항원과 항체의 구조가 맞아야 하므로 특이적 면역에 해당한다.
  ② ㉠은 형질 세포, ㉡은 기억 세포이다.
  ③ (가)는 B 림프구를 활성화 시켜주는 보조 T 림프구이다.
  ④ 동일한 항원 재침입 시 기억 세포가 형질 세포로 분화되어 다량의 항체를 신속하게 생산한다.

15 ㉣은 티록신이다. 이 작용은 음성피드백 작용에 의해 조절되므로 결과인 티록신의 양이 많아지면 간뇌 시상하부의 기능이 억제되어 ㉡,㉢의 양은 감소하게 된다.

정답 및 해설 13.① 14.① 15.④

16 표는 붉은색 눈(Pp)과 정상 날개(Vv)를 갖는 초파리 (가)와 자주색 눈(pp)과 흔적 날개(vv)를 갖는 초파리를 교배하여 얻은 자손의 수를 나타낸 것이다. 이에 대한 설명으로 옳지 않은 것은? (단, 붉은색 눈이 자주색 눈에 대해 우성이고, 정상 날개가 흔적 날개에 대해 우성이며, 돌연변이와 교차는 고려하지 않는다)

표현형	붉은색 눈·정상 날개	자주색 눈·흔적 날개
개체수(마리)	100	100

① (가)에서 만들어지는 생식세포의 종류는 4종류이다.

② (가)의 유전자 P와 V는 동일한 염색체에 존재한다.

③ (가)와 같은 유전자형을 가진 초파리끼리 교배할 경우 얻어진 자손(F_1)에서 유전자형이 잡종을 갖는 비율은 $\frac{1}{2}$이다.

④ (가)와 같은 유전자형을 가진 초파리끼리 교배할 경우 자손(F_1)에서 붉은색 눈·정상 날개를 갖는 초파리 비율은 $\frac{3}{4}$이다.

17 그림은 어떤 동물($2n = 8$)의 감수 분열 과정 일부를, 표는 세포 A ~ C의 세포 1개당 염색체 수와 핵 1개당 DNA 상대량을 나타낸 것이다. A ~ C는 각각 세포 (가) ~ (다) 중 하나이며, (가)와 (나)는 중기의 세포이다. 이에 대한 설명으로 옳은 것만을 모두 고른 것은? (단, 돌연변이는 고려하지 않는다)

세포	세포 1개당 염색체 수	핵 1개당 DNA 상대량
A	ⓐ	2
B	?	ⓑ
C	4	4

ㄱ. ⓐ는 4이다.

ㄴ. ⓑ는 1이다.

ㄷ. $\dfrac{\text{세포 1개당 염색체 수}}{\text{핵 1개당 DNA 상대량}}$는 (가)가 C의 2배이다.

① ㄱ

② ㄴ

③ ㄱ, ㄷ

④ ㄴ, ㄷ

18 그림은 폐포의 구조를, 표는 폐포 주변 모세 혈관의 두 지점 A와 B를 흐르는 혈액의 O_2 분압과 CO_2 분압을 나타낸 것이다. 이에 대한 설명으로 옳은 것은?

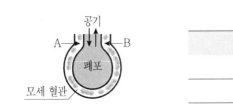

(단위 : mmHg)

지점	O_2 분압	CO_2 분압
A	40	50
B	100	40

① 모세 혈관 속 혈액은 A지점에서 B지점으로 흐른다.

② A지점이 B지점보다 혈액 내의 단위 부피당 산소량이 많다.

③ O_2 분압은 폐포 내부가 폐포 주변 모세 혈관의 혈액보다 낮다.

④ 폐포와 그 주변 모세 혈관 사이의 기체 교환에는 ATP가 소모된다.

16 붉은 눈(P), 정상 날개(V) 유전자가 한 염색체에 존재하는 상인 연관이므로 ㈎에서 만들어지는 생식세포는 2종류이다.

17

세포	세포 1개당 염색체 수	핵 1개당 DNA 상대량
A-㈐	4	2
B-㈎	8	8
C-㈏	4	4

18 A는 이산화탄소 분압이 더 높으므로 정맥혈이 흐르는 폐동맥이고 B는 산소 분압이 더 높으므로 동맥혈이 흐르는 폐정맥이다. 따라서 혈액은 폐동맥→폐의 모세혈관→폐정맥 방향으로 흐른다.

② B지점이 A지점보다 혈액 내의 단위 부피당 산소량이 많다.

③ 산소 분압은 폐포 내부가 폐포 주변 모세혈관의 혈액보다 높다. 따라서 분압차에 따라 산소가 폐에서 혈관으로 이동할 수 있다.

④ 기체 교환은 수동 수송으로 에너지 소모가 없는 물질 이동이 일어난다. 따라서 ATP 에너지는 사용되지 않는다.

정답 및 해설 16.① 17.① 18.①

19 표는 어떤 평형 상태의 안정된 생태계에서 영양 단계별 에너지양과 에너지 효율을 나타낸 것이다. 에너지 효율은 전 영양 단계의 에너지양에 대한 현 영양 단계의 에너지양을 백분율로 나타낸다. 이에 대한 설명으로 옳은 것은?

영양 단계	에너지양(g/m^2)	에너지 효율(%)
생산자	800	1
1차 소비자	?	5
2차 소비자	10	?
3차 소비자	2	?

① 1차 소비자의 에너지양은 $80g/m^2$이다.
② 2차 소비자의 에너지 효율은 20%이다.
③ 에너지 효율은 2차 소비자가 3차 소비자보다 높다.
④ 3차 소비자가 지닌 에너지는 생산자에게로 전달된다.

20 그림은 어느 집안의 유전병 여부를 나타낸 가계도이다. 이에 대한 설명으로 옳은 것은? (단, 이 유전병의 유전자는 성염색체에 존재하고, 돌연변이는 고려하지 않는다)

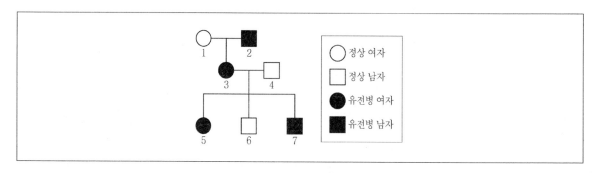

① 1은 이 유전병의 보인자이다.
② 이 유전병 유전자는 우성이다.
③ 5의 유전자형은 동형 접합이다.
④ 3과 4사이에 딸이 태어날 때 이 유전병을 가질 확률은 25%이다.

19

영양 단계	에너지양(g/m^2)	에너지 효율(%)
생산자	800	1
1차 소비자	? = 40	5
2차 소비자	10	? = 25
3차 소비자	2	? = 20

① 1차 소비자의 에너지양은 40g/m²이다.

② 2차 소비자의 에너지 효율은 25%이다.

④ 3차 소비자가 지닌 에너지는 생산자에게 전달되지 않는다. 에너지는 순환하지 않기 때문이다.

20 3번이 유전병인데 정상인 아들(6번)이 태어났기 때문에 유전병 유전자가 우성임을 알 수 있다.

① 1은 유전병 유전자를 가지지 않는다.

③ 5는 이형 접합이다. (XX′)

④ 3, 4번 사이에서 태어난 딸이 유전병을 가질 확률은 50%이다.

정답 및 해설 19.③ 20.②

1 그림은 혈당량 조절 과정의 일부를 나타낸 것이다. A ~ C는 각각 글루카곤, 에피네프린, 인슐린 중 하나이다. 이에 대한 설명으로 옳은 것은?

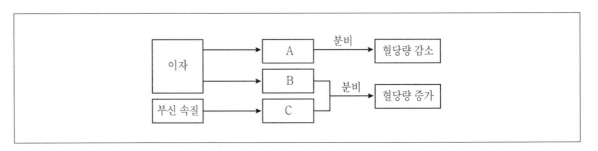

① A는 이자의 β 세포에서 분비된다.
② B의 분비량이 증가하면 포도당이 글리코젠으로 합성된다.
③ C의 분비량이 정상보다 낮을 경우 혈당량이 증가한다.
④ B와 C는 서로 길항적으로 작용한다.

2 다음은 생명 현상의 특성에 대한 예이다. ⊙과 ⓒ에 해당하는 생명 현상의 특성을 옳게 짝지은 것은?

> ⊙ 나비는 애벌레 시기와 번데기를 거쳐 형성된다.
> ⓒ 식충 식물인 파리지옥의 잎에 파리가 앉으면 잎이 접힌다.

	⊙	ⓒ
①	발생과 생장	자극에 대한 반응
②	적응과 진화	생식과 유전
③	생식과 유전	자극에 대한 반응
④	발생과 생장	항상성 유지

3 그림은 세포 분열 과정에 있는 동물 세포(2n = 4) (가)와 (나)를 나타낸 것이다. 이에 대한 설명으로 옳은 것만을 〈보기〉에서 모두 고르면? (단, 돌연변이는 고려하지 않는다)

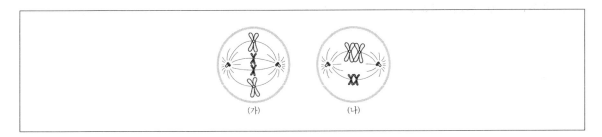

─────────── 〈보기〉 ───────────

ㄱ. (가)는 감수 1분열 중기 세포이다.
ㄴ. (나)에서는 상동 염색체 쌍이 적도면에 배열된다.
ㄷ. (가)와 (나)의 핵상은 같다.
ㄹ. (가)는 생식 세포 형성 시 주로 일어난다.

① ㄱ, ㄴ   ② ㄱ, ㄷ

③ ㄴ, ㄷ   ④ ㄴ, ㄹ

---

1 ① A는 이자의 β 세포에서 분비되는 인슐린으로 간에서 포도당이 글리코젠으로 합성되어 혈당이 낮아지도록 조절하는 호르몬이다.
　② B는 이자의 α 세포에서 분비되는 글루카곤으로 간에서 글리코젠을 포도당으로 분해해 혈당이 높아지도록 조절하는 호르몬이다.
　③ C는 부신 속질에서 분비되는 에피네프린으로 글루카곤과 마찬가지로 혈당을 높여주는 작용을 하므로 C의 분비량이 정상보다 낮을 경우 혈당량이 감소한다.
　④ 길항 작용이란 한 기관에 작용하며 서로 반대되는 역할을 하는 것을 뜻하므로 글루카곤과 에피네프린은 길항 작용을 하지 않는다.

2 ㉠은 생명 현상의 특성 중 수정란이 어린 개체가 되고, 어린 개체가 자라나는 과정이 포함되어 있는 발생과 생장에 관련된 내용이고, ㉡은 외부에서 온 자극에 대해 생명이 반응하는 것으로 보아 자극에 대한 반응에 대한 내용이다.

3 (가)는 체세포 분열 중기 세포이며 (나)는 상동 염색체가 접합해 형성된 2가 염색체가 중앙 배열한 것으로 보아 감수 1분열 중기 세포이다. (가)와 (나) 모두 핵상은 2n=4로 동일하다.

4 유전병 A를 결정하는 유전자 B는 상염색체에 존재하고, 유전자 B는 정상 유전자에 대해 우성이다. 유전병 A를 앓는 이형 접합인 남성이 정상 여성과 결혼하여 아이를 낳았을 때, 그 아이에게 유전병 A가 나타날 확률은? (단, 돌연변이와 교차는 고려하지 않는다)

① 0

② $\dfrac{1}{4}$

③ $\dfrac{1}{2}$

④ 1

5 다음은 어떤 과학자가 수행한 탐구 과정의 일부이다. 이에 대한 설명으로 옳지 않은 것은?

> ㉠ 포도상 구균을 배양하던 중 푸른곰팡이가 자라는 곳에서는 포도상 구균이 자라지 않는 것을 발견하였다.
> ㉡ '푸른곰팡이는 포도상 구균 증식을 억제할 것이다.'라고 생각하였다.
> ㉢ 조건이 동일한 두 개의 포도상 구균 배양 접시 중 하나에는 푸른곰팡이를 넣고, 나머지 하나에는 푸른곰팡이를 넣지 않았다.
> ㉣ 푸른곰팡이를 넣은 배양 접시에서는 포도상 구균이 증식하지 못했고, 푸른곰팡이를 넣지 않은 배양 접시에서는 포도상 구균이 증식하였다.

① ㉡은 가설 설정 단계이다.
② 이 과학자는 연역적 방법으로 탐구를 수행하였다.
③ 이 실험에는 실험군과 대조군이 모두 설정되어 있다.
④ 이 실험을 통해 푸른곰팡이와 포도상 구균 간의 상리 공생 관계를 규명하였다.

6 생물 다양성을 보전하는 방법으로 가장 적절한 것은?

① 경제적 가치가 있는 종만을 대상으로 보전 계획을 세운다.
② 서식지를 작은 단위로 개발한다.
③ 종 다양성이 감소한 지역에 새로운 외래종을 도입한다.
④ 생태적으로 가치가 있는 지역에 대해서는 안식년 등을 두어 보호한다.

7 다음은 염증 반응이 일어나는 과정을 나타낸 것이다. ㉠~㉢에 들어갈 용어를 옳게 짝지은 것은?

> 우리 몸에서 조직이 손상되거나, 감염이 일어나면 염증 반응이 시작된다. 상처 부위에 있는 비만 세포는 (㉠)을 분비하여 주변의 모세 혈관을 (㉡)시키고 혈관의 투과성을 증가시킨다. 이때 백혈구와 (㉢)가 모세 혈관을 빠져나가 손상된 조직으로 이동한 후 식균 작용을 통하여 세균과 손상된 세포를 제거한다.

	㉠	㉡	㉢
①	아세틸콜린	수축	형질 세포
②	히스타민	확장	형질 세포
③	아세틸콜린	수축	대식 세포
④	히스타민	확장	대식 세포

---

4 유전병 A에 대한 대립유전자를 정리해 보면 B(유전병A) > b(정상)으로 정리할 수 있다. 유전자 B는 상염색체에 존재하므로 성별과 관계없이 유전병에 대한 빈도를 계산할 수 있음을 알 수 있다. 유전병 A를 앓는 이형 접합인 남성의 유전자형은 Bb 이고 정상 여성의 유전자형은 bb이므로 둘 사이에서 아이가 태어났을 때 아이의 유전자형은 Bb 또는 bb이다. 즉 그 아이에게 유전병 A가 나타날 확률은 Bb에 해당하므로 $\frac{1}{2}$의 확률을 가진다.

5 연역적 탐구 과정에 대한 문제로 연역적 탐구는 가설을 설정해 탐구를 수행함으로써 결론을 도출하는 탐구 과정이다. 연역적 탐구 과정의 순서로는 '문제 인식→가설 설정→탐구 설계 및 수행→결과 분석→결론 도출→일반화'의 과정을 거치며 가설과 결론이 일치하지 않을 경우에는 가설을 재설정하여 같은 과정을 반복한다. 이 실험에서는 조건이 동일한 두 개의 포도상 구균 배양 접시 중 푸른 곰팡이를 넣은 것을 실험군, 푸른곰팡이를 넣지 않은 것을 대조군으로 설정하였다.
④ 이 실험을 통해서 '푸른곰팡이는 포도상 구균의 증식을 억제하는 물질을 만든다.'라는 결론을 도출할 수 있으므로 둘 간의 상리 공생의 관계를 규명한 것과는 거리가 멀다고 볼 수 있다.

6 ① 경제적 가치가 없는 종도 그 자체만으로 중요한 자원이 될 수 있으므로 보전해야 한다.
② 서식지를 작은 단위로 개발하는 서식지 단편화의 경우 생물 다양성을 가장 크게 위협하는 서식지 파괴의 원인이 되므로 생물 다양성을 보전하는 방법으로 옳지 않다.
③ 외래종 도입이 되면 원래의 자생종을 밀어내기도 하므로 생물 다양성 보전 방법으로 옳지 않다.

7 우리 몸에서 일어나는 1차 방어 작용 중 염증 반응에 대한 설명이다. 우리 몸에서 조직이 손상되거나 감염이 일어나면 상처 부위에 있는 비만 세포는 히스타민을 분비하여 모세 혈관을 확장시켜 혈관의 투과성을 증가시키며 이때 백혈구와 대식 세포가 식균 작용을 통해 세균과 손상 세포를 제거한다.

정답 및 해설 4.③ 5.④ 6.④ 7.④

8 그림은 여러 가지 영양소의 세포 호흡 결과 생성된 최종 산물의 배설 과정을 나타낸 것이다. A~C는 각 각 물, 이산화탄소, 요소 중 하나이다. 이에 대한 설명으로 옳은 것은?

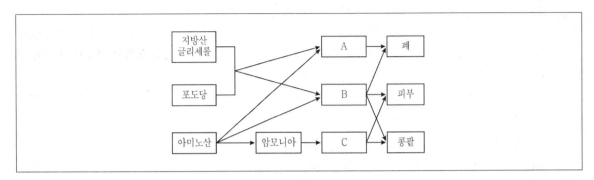

① A는 생명체를 구성하는 성분 중 가장 많은 양을 차지하는 물질이다.

② B는 이산화탄소이다.

③ 암모니아를 C로 전환하는 기관은 소화계에 포함된다.

④ A, B, C 모두 질소(N)로 구성되어 있다.

9 뇌에 대한 설명으로 옳은 것은?

① 간뇌는 자율 신경의 중추로서 항상성 유지에 관여한다.

② 중뇌는 심장 박동, 호흡 운동, 소화 운동에 관여한다.

③ 대뇌는 수의 운동을 조절하고, 몸의 평형을 유지한다.

④ 식물인간의 경우 연수의 기능이 정상적으로 작동하지 않는다.

10 날씨가 추워졌을 때 우리 몸에서 일어날 수 있는 조절 작용에 대한 설명으로 옳은 것만을 모두 고르면?

> ㉠ 피부의 모세 혈관이 이완된다.
> ㉡ 무의식적인 몸 떨기와 같은 근육 운동이 일어난다.
> ㉢ 부신 속질에서 에피네프린이 분비되어 물질 대사량이 증가한다.

① ㉡

② ㉠, ㉡

③ ㉠, ㉢

④ ㉡, ㉢

11 그림은 ABO식 혈액형이 B형인 ㈎와 AB형인 ㈏의 혈액을 원심 분리한 결과이다. ㉠과 ㉢에서는 적혈구가 관찰되지 않았고, ㉡과 ㉣에서만 적혈구가 관찰되었다. 이에 대한 설명으로 옳지 않은 것은? (단, ABO식 혈액형만 고려하고 돌연변이는 고려하지 않는다)

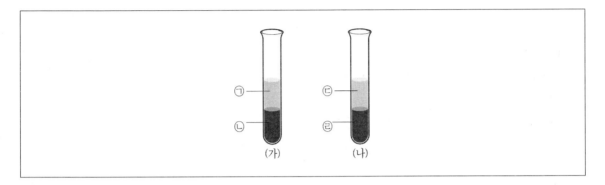

① ㉠에는 응집소 α가 있다.
② ㉠과 ㉣을 섞으면 응집 반응이 일어난다.
③ ㉡과 ㉢을 섞으면 응집 반응이 일어난다.
④ ㉢에는 응집소가 없다.

---

8 A는 폐를 통해서만 배설되므로 이산화탄소이고 B는 폐, 피부, 콩팥을 통해 배설되므로 물, C는 암모니아가 전환되어 피부와 콩팥을 통해서만 배설되므로 요소에 해당한다. 암모니아를 요소로 전환하는 기관은 간으로 간은 소화계에 포함된다.
① 생명체를 구성하는 성분 중 약 70%에 해당하는 물질은 물이다.
② B는 물이다.
④ C에만 질소가 포함되어 있다.

9 ② 심장 박동, 호흡 운동, 소화 운동에 관여하는 곳은 연수이다.
③ 수의 운동을 조절하고, 몸의 평형을 유지하는 곳은 소뇌이다.
④ 식물인간의 경우 대뇌의 기능이 정상적으로 작동하지 않는다.

10 저온 자극 시 골격근의 운동에 따라 몸 떨기와 같은 근육 운동이 일어나 열 발생량이 증가한다. 부신 속질에서 에피네프린이 분비되어 물질 대사량도 증가한다.
㉠ 저온 자극 시 피부의 모세 혈관이 수축되어 피부가 창백해진다.

11 혈액을 원심 분리하면 밀도가 큰 아래층은 혈구, 밀도가 작은 위층은 혈장이 차지하게 되는데 혈구 중 적혈구 막에는 응집원이 들어있고, 혈장에는 응집소가 들어있다. ㈎는 B형이므로 ㉠에 응집소 α가 있고 ㉡에는 응집원 B가 있다. ㈏는 AB형이므로 ㉢에 응집소는 없고 ㉣에 응집원 A, B가 들어 있다. ABO식 혈액형에서 응집 반응(항원-항체 반응의 일종)은 응집원 A와 응집소 α, 응집원 B와 응집소 β에서만 일어난다.

정답 및 해설 8.③ 9.① 10.④ 11.③

12 그림은 세 종류의 뉴런이 연결된 상태를 나타낸 것이다. 이에 대한 설명으로 옳은 것은?

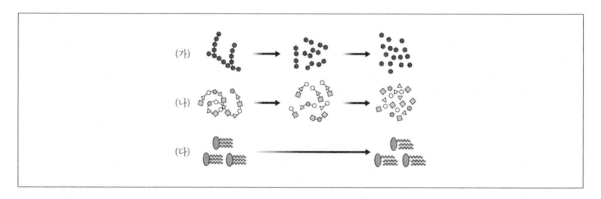

① 흥분은 (가)→(나)→(다)의 순서로 전달된다.

② (나)는 뇌와 척수에 존재한다.

③ (다)의 가지돌기는 근육과 같은 반응기에 분포한다.

④ A에 역치 이상의 자극을 주면 (나)에서 활동 전위가 발생한다.

13 그림 (가)~(다)는 에너지원이 될 수 있는 녹말, 단백질, 중성 지방의 분해 과정과 이의 산물을 나타낸 것이다. 이에 대한 설명으로 옳은 것은?

① (가)의 분해 산물은 소장 융털의 암죽관으로 흡수된다.

② (나)의 세포 호흡 결과로 질소노폐물이 발생된다.

③ (나)는 세 에너지원 중 1g당 가장 높은 에너지를 발생시킨다.

④ (다)의 분해 산물은 소장 융털의 모세혈관으로 흡수되어 림프관을 따라 이동한다.

14 그림은 세 가지 질병을 구분하는 과정을 나타낸 것이다. 이에 대한 설명으로 옳은 것은?

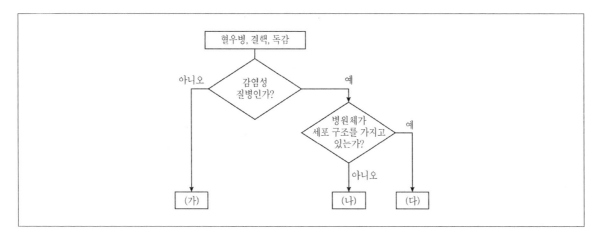

① (가)는 생활 방식이나 환경의 영향으로 발병한다.

② (나)를 일으키는 병원체는 스스로 물질대사를 하여 증식할 수 있다.

③ (다)는 항생제를 이용하여 치료하지만 내성이 있는 병원체가 생길 수 있다.

④ (가), (나), (다)는 모두 외부에서 침입한 병원체에 의해 나타나는 질병이다.

---

12 (가)는 운동 뉴런, (나)는 연합 뉴런, (다)는 감각 뉴런이다.
　① 자극의 이동 방향은 (다)→(나)→(가)이다.
　③ 감각 뉴런의 가지돌기는 피부와 같은 감각기에 분포한다.
　④ 자극은 시냅스 전 뉴런의 축삭돌기 말단에서 시냅스 후 뉴런의 가지돌기 방향으로만 전달되므로 A에 역치 이상의 자극을
　　가했을 때 (나)로는 자극의 전달이 되지 않으므로 (나)에서 활동 전위가 발생하지 못한다.

13 (가)는 녹말, (나)는 단백질, (다)는 지방의 소화과정을 나타낸 것이다.
　① 소장 융털의 암죽관으로 흡수되는 것은 지용성 영양소로 (다)에 해당한다.
　③ 세 에너지원 중 녹말과 단백질은 1g당 4kcal의 에너지를 내지만 지방은 1g당 9kcal의 에너지를 낸다.
　④ 소장 융털의 모세혈관으로 흡수되어 이동하는 영양소는 수용성 영양소로 녹말과 단백질의 분해산물인 포도당과 아미노산
　　이지만 이들은 림프관을 통해 이동하지 않고 모세혈관을 통해 간으로 이동한다.

14 (가)는 비감염성 질병인 혈우병, (나)는 바이러스에 의해 발병되는 독감, (다)는 세균에 의해 발병되는 결핵이다.
　① 혈우병은 유전적인 영향으로 발병한다.
　② 독감을 유발하는 병원체는 바이러스로, 바이러스는 숙주세포 내에서 숙주세포의 효소를 이용해 증식하고 독자적인 효소가
　　없어 스스로 물질대사를 하지 못한다.
　④ (나), (다)만 외부에서 침입한 병원체에 의해 나타나는 질병이다.

정답 및 해설　12.② 13.② 14.③

15 그림은 생태계에서 일어나는 물질과 에너지의 이동을 나타낸 것이다. 이에 대한 설명으로 옳은 것은?

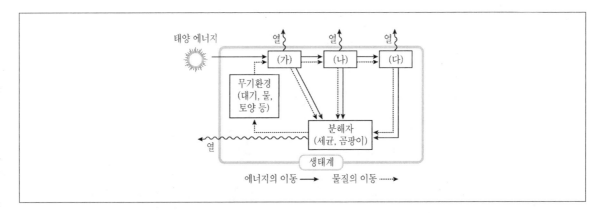

① ㈎에서 ㈏로 이동하는 에너지양과 ㈏에서 ㈐로 이동하는 에너지양은 같다.

② 태양 에너지는 ㈎의 광합성에 의해 화학 에너지로 전환된다.

③ ㈏가 ㈐에 비해 에너지 효율이 더 높다.

④ 생태계에서 물질과 에너지는 모두 순환하지 못하고 한쪽으로만 흐른다.

16 표는 상수네 가족에서 어떤 유전병의 발현 여부와 이 유전병 발현에 관여하는 대립 유전자 A와 A'의 DNA 상대량을 나타낸 것이다. 이에 대한 설명으로 옳지 않은 것은? (단, 돌연변이와 교차는 고려하지 않는다)

가족	유전병 발현 여부	DNA 상대량	
		A	A'
아버지	정상	1	0
어머니	정상	1	1
상수	유전병	0	1
누나	정상	1	1

① 유전병 유전자는 X 염색체상에 존재한다.

② 유전병 유전자는 정상 유전자에 대해 열성이다.

③ 상수는 어머니로부터 X 염색체상에 있는 대립 유전자 A'를 받았다.

④ 누나는 아버지로부터 X 염색체상에 있는 대립 유전자 A'를 받았다.

17 다음은 어느 지역에서 관찰된 군집의 천이 과정이다. 이에 대한 설명으로 옳은 것만을 〈보기〉에서 모두 고르면?

지의류→산쑥 등의 초본 → 진달래 등의 관목 → 소나무 등의 양수림→혼합림→떡갈나무 등의 음수림

〈보기〉

㉠ 이 지역의 개척자는 지의류이다.
㉡ 호수나 늪지에서 진행되는 2차 천이 과정이다.
㉢ 이 지역은 안정된 군집을 형성해 극상을 이루고 있다.

① ㉠
② ㉡
③ ㉠, ㉢
④ ㉡, ㉢

15 ① 상위 영양 단계로 갈수록 에너지 이동량은 감소하고, 에너지 효율은 증가한다. 즉 ㈎에서 ㈏로 이동하는 에너지양이 ㈏에서 ㈐로 이동하는 에너지양보다 많다.
③ 에너지 효율은 더 상위 영양 단계에 있는 ㈐가 ㈏보다 더 높다.
④ 생태계 내에서 물질은 순환하지만 에너지는 순환하지 못하고 한쪽으로만 흐른다.

16 가족 구성원에서 대립유전자 A와 A'의 DNA 상대량의 합을 구해보면 남자인 아버지와 상수는 1, 여자인 어머니와 누나는 2라는 것을 알 수 있다. 즉 이를 통해 유전병 유전자가 성염색체 중 X 염색체에 있음을 알 수 있다. 가족 구성원의 유전자 구성을 보면 아버지는 X^AY, 어머니는 $X^AX^{A'}$, 상수는 X^AY, 누나는 $X^AX^{A'}$임을 알 수 있다. 그런데 누나와 어머니의 경우 A'을 가지고 있지만 유전병에 걸리지 않은 것으로 보아 A는 우성, A'은 열성 유전자라는 것을 알 수 있다. 또한 아버지와 상수의 유전병 발현 여부를 통해 A는 정상, A'은 유전병 유전자라는 것도 알 수 있다.
④ 누나는 아버지로부터 X^A를 받았음을 알 수 있다.

17 지의류를 개척자로 시작되는 것으로 보아 1차 천이라는 것을 알 수 있다. 또한 빈영양호나 부영양호가 포함되어 있지 않으므로 건성천이라는 것을 알 수 있다. 음수림에 도달했으므로 이 지역은 극상을 이루고 있다.

18 그림 (가)와 (나)는 생물에서 일어나는 두 가지 반응을 나타낸 것이다. 이에 대한 설명으로 옳은 것은?

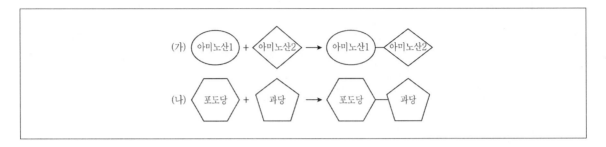

① (가)의 반응물로 사용될 수 있는 아미노산의 종류는 총 4가지이다.
② (가)는 물이 첨가되는 반응이다.
③ (나)에서 생성물은 펩타이드 결합을 가진다.
④ (나)는 에너지를 필요로 하는 반응이다.

19 그림은 한 바퀴벌레 개체군에 살충제를 살포하기 전과 후에 이 개체군에 일어난 변화를 나타낸 것이다. 이에 대한 설명으로 옳지 않은 것은? (단, 돌연변이는 고려하지 않는다)

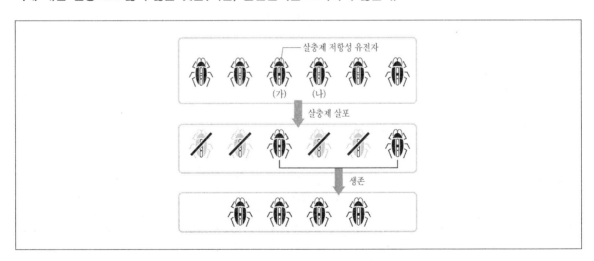

① (가)와 (나)의 유전적 구성은 동일하다.
② (가)와 (나)는 같은 종이다.
③ 살충제가 살포되면 (가)가 (나)보다 생존에 더 유리하다.
④ 살충제 살포가 이 바퀴벌레 개체군에 일종의 선택으로 작용했다.

20 그림은 어떤 동물의 세포 소기관을 나타낸 것이다. A ~ D는 각각 리보솜, 골지체, 중심립, 미토콘드리아 중 하나이다. 이에 대한 설명으로 옳은 것은?

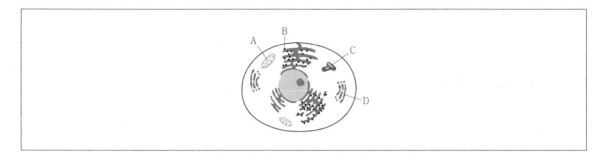

① A는 단백질의 합성이 일어나는 장소이다.

② B에서 세포 호흡이 일어난다.

③ C는 세포 분열 시 방추사 형성에 관여한다.

④ D는 ATP 생성을 담당한다.

---

18 ④ (나)는 동화작용에 해당하므로 에너지를 흡수하는 흡열반응에 해당한다.

① (가)의 반응물로 사용될 수 있는 아미노산의 종류는 아미노산1에서 20가지, 아미노산 2에서도 20가지로 총 20^2가지이다.

② (가)는 펩타이드 결합으로 펩타이드 결합은 물이 빠져나오는 탈수 축합 반응의 일종이다.

③ (나)에서 생성물은 글리코사이드 결합을 가지며 (가)에서 생성물이 펩타이드 결합을 가진다.

19 살충제 살포가 이 바퀴벌레 개체군에 선택으로 작용했으며 살충제가 살포될 경우 (가)가 살충제 저항성 유전자를 가지므로 (나)보다 생존에 유리하다. (가)와 (나)는 한 개체군에 속하므로 같은 종이다.

① (가)와 (나)는 같은 종이지만 무성생식을 통해 생성된 개체는 아니므로 유전적 구성이 100% 동일할 수 없다.

20 A는 미토콘드리아, B는 리보솜, C는 중심립, D는 골지체이다. C는 세포 분열 시 방추사 형성에 관여한다.

① 단백질 합성이 일어나는 장소는 리보솜이다.

② 세포 호흡을 통해 ATP 생성이 일어나는 장소는 2중막 구조를 가지고 있는 미토콘드리아이다.

④ 골지체는 물질의 포장 및 분비 역할을 주로 하는 단일막 구조를 가지는 세포소기관이다.

정답 및 해설 18.④ 19.① 20.③

1 〈보기〉는 인체에 존재하는 효소 X의 일부 아미노산 배열이다. 효소 X를 구성하는 아미노산 중 세린에 대한 염기 서열에 돌연변이가 발생하여 다른 아미노산으로 치환되었을 때, 효소 X의 활성에 가장 영향을 미치지 않는 아미노산은?

〈보기〉

효소 X : 메티오닌(Met) – 발린(Val) – 세린(Ser) – 류신(Leu) – 프롤린(Pro)

① 아르기닌(Arg)

② 알라닌(Ala)

③ 트레오닌(Thr)

④ 글리신(Gly)

2 효소에 대한 〈보기〉의 설명 중 옳은 것을 모두 고른 것은?

〈보기〉

㉠ 기질과 결합하여 대사의 반응 속도를 높인다.

㉡ RNA가 효소작용을 하기도 한다.

㉢ 생화학적 경로의 마지막 산물이 앞쪽 반응의 억제제로 작용하는 경우를 피드백 억제(feedback inhibition)라 한다.

㉣ 효소-기질 복합체 형성을 위해 기질이 효소에 결합하는 부위를 조절부위라고 한다.

㉤ 반응의 필요 활성화에너지를 높여 반응이 잘 일어나게 한다.

① ㉠, ㉡

② ㉠, ㉡, ㉢

③ ㉠, ㉡, ㉢, ㉣

④ ㉠, ㉡, ㉢, ㉣, ㉤

3 동물의 세포외기질(extracellular matrix)에 해당하지 않는 것은?

① 콜라겐(collagen)

② 피브로넥틴(fibronectin)

③ 프로테오글리칸(proteoglycan)

④ 인테그린(integrin)

4 인간의 대사에 대한 설명으로 가장 옳지 않은 것은?

① 호흡은 산소, 발효는 무기물이 전자수용체이다.

② 인체에서도 발효가 일어난다.

③ 해당 과정은 세포질에서 일어난다.

④ 탄수화물이 아닌 아미노산도 TCA회로(시트르산 회로)를 거쳐 분해될 수 있다.

---

1 세린은 친수성 아미노산으로 트레오닌도 같은 친수성 아미노산이므로 효소 X의 활성에 가장 영향을 미치지 않는다.
아르기닌은 친수성이며 양전하를 띠는 염기성 아미노산이며 알라닌과 글리신은 지방족 아미노산이다.

2 ⓔ 효소-기질 복합체 형성을 위해 기질이 효소에 결합하는 부위를 활성 부위라고 한다.
ⓜ 효소는 반응의 필요 활성화에너지를 낮추어 반응에 필요한 최소한의 에너지를 줄여줌으로써 반응이 잘 일어나게 한다.

3 동물세포의 세포외기질은 주요 성분이 콜라겐섬유로 구성되어 있다. 세포막 바깥에 당단백질인 프로테오글리칸이 망처럼 있고 그 사이 콜라겐섬유가 묻혀 있다. 피브로넥틴은 인테그린과 세포외 기질을 연결시켜준다.
인테그린은 세포외기질에 세포를 부착, 세포외기질에서 세포로의 신호전달 등의 역할을 하는 단백질이다.

4 ① 호흡의 전자수용체는 산소이고, 발효의 전자수용체는 피루브산 등의 유기물이다.

정답 및 해설 1.③ 2.② 3.④ 4.①

5 생명체를 구성하고 있는 핵산(nucleic acid) 거대분자에 대한 〈보기〉의 설명으로 옳은 것을 모두 고른 것은?

〈보기〉

   ㉠ 염기, 당, 인산으로 구성된 뉴클레오시드가 기본 단위이다.

   ㉡ DNA와 RNA 모두 구성 당은 5탄당인 리보오스이다.

   ㉢ 핵산의 기본단위는 NAD 혹은 NADH의 일부를 구성하기도 한다.

   ㉣ 유전정보를 저장, 전달, 조절하는 기능을 한다.

① ㉠, ㉡   ② ㉡, ㉢

③ ㉢, ㉣   ④ ㉠, ㉢, ㉣

6 생명공학 관련 DNA 재조합 기술 관련 용어에 대한 설명으로 가장 옳지 않은 것은?

① 플라스미드(plasmid) – 목표 DNA 단편을 운반하는 벡터(vector)로 사용

② DNA 리가제(DNA ligase) – 점착성 말단(sticky end)을 지닌 두 DNA 단편을 연결

③ RNA 중합효소(RNA polymerase) – RNA 합성 시 프라이머(primer)를 요구

④ 역전사효소(reverse transcriptase) – mRNA로부터 cDNA(complementary DNA)의 형성

7 유전자 발현 조절에 대한 설명으로 가장 옳지 않은 것은?

① 염색체 구조와 화학적 변형은 유전자 발현에 영향을 준다.

② 진핵생물의 전사는 복잡한 단백질 복합체에 의해 조절된다.

③ 진핵생물의 mRNA는 한 가지 이상의 방법으로 스플라이싱(splicing)된다.

④ 진핵생물의 mRNA가 완전히 가공되어 세포질로 이동된 후에는 유전자 발현이 조절될 기회가 없다.

8 멘델(Mendel)의 법칙 중에서 분리의 법칙(Law of segregation)에 대한 설명으로 가장 옳은 것은?

① 모든 생명체에 적용된다.
② 유성생식을 하는 이배체 생명체에 적용된다.
③ 무성생식을 하는 이배체 생명체에 적용된다.
④ 모든 단세포 생물에 적용된다.

9 사람의 염색체(chromosome) 수 이상에 대한 설명으로 가장 옳은 것은?

① 클라인펠터 증후군은 XXYY, XXXY, XXXXY처럼 성염색체가 3개 이상인 사람에게서는 나타날 수 없다.
② 터너 증후군이 있는 여성들은 대부분 지능이 정상이다.
③ 터너 증후군 여성의 핵형(karyotype)에서는 총 45개의 상염색체(autosome)를 볼 수 있다.
④ 성염색체가 XXY인 남성은 터너 증후군을 유발한다.

---

5 ㉠ 염기, 당, 인산으로 구성된 기본 단위를 뉴클레오타이드라고 한다.
　　㉡ DNA의 구성 당은 5탄당인 디옥시리보오스이고 RNA의 구성 당은 5탄당인 리보오스당이다.

6 RNA 중합효소는 RNA 합성 시 프라이머가 필요하지 않다.

7 진핵생물의 mRNA가 완전히 가공되어 세포질로 이동하여도 대체짜집기(alternative splicine), 번역 조절 및 번역 후 조절에서도 유전자 발현이 조절된다.

8 멘델의 분리의 법칙은 생식세포 형성 시 대립유전자가 나뉘어 들어간다는 내용인데 단일 형질 유전 관련 법칙으로 유성생식을 하는 이배체 생명체에서 적용된다.

9 터너 증후군은 성염색체 비분리현상에 의해 일어나는 유전병으로, 상염색체는 정상인 44개를 가지나 성염색체를 X 하나만 가지는 경우에 해당한다. 터너 증후군 여성은 대부분 지능이 정상이다.
　　①④ 클라인펠터 증후군은 XXY뿐만 아니라 XXYY, XXXY, XXXXY처럼 성염색체가 3개 이상인 사람들에게도 나타난다.
　　③ 터너 증후군의 핵형에서는 총 상염색체 44개가 관찰된다.

정답 및 해설　5.③　6.③　7.④　8.②　9.②

10 DNA가 유전물질임을 밝힌 1952년 허시와 체이스의 실험에 대한 설명으로 가장 옳지 않은 것은?

① 방사성 동위원소인 ^{35}S(황)와 ^{32}P(인)로 표지된 T2 파지들을 혼합한 뒤, 아무 표지가 안 된 대장균에 감염시켰다.

② 단백질이 표지된 T2 파지로 대장균을 감염시킨 경우 대부분의 방사능이 파지만 들어있는 액체 부분에 남아있었다.

③ DNA가 표지된 T2 파지로 대장균을 감염시킨 경우 대부분의 방사능이 대장균이 존재하는 침전물에서 발견되었다.

④ 주방용 믹서기(블렌더)로 배양액을 뒤섞어주면 대장균 바깥에 붙은 T2 파지를 떼어낼 수 있었다.

11 겨울에 동면하는 포유류의 갈색 지방(brown fat)의 세포에서 산소를 이용한 세포 호흡 시, 1분자의 포도당이 산화되면서 생성되는 ATP의 분자 수는?

① 38
② 34
③ 8
④ 4

12 인체에서 기생생활을 하는 동물 중 다른 문(門, Phylum)에 해당하는 것은?

① 회충
② 촌충
③ 간디스토마
④ 주혈흡충

13 가상의 유전자 X에 대한 열성대립유전자 p와 우성대립유전자 P를 가진 150명의 사람들이 풍랑 때문에 섬에 표류하여 정착하게 되었다. 150명의 사람 중 30명은 유전자형이 열성대립유전자 p의 동형접합자이고, 54명은 우성대립유전자 P에 대하여 동형접합자이며, 나머지 66명은 이형접합자이다. 하디-바인베르크 평형(Hardy-Weinberg equilibrium)을 만족하는 조건에서 이들 개체군의 숫자가 15,000명까지 증가하였을 때 집단 내에서 열성대립유전자 p의 빈도는?

① 0.24   ② 0.42

③ 0.48   ④ 0.58

---

10 방사성 동위원소 ^{32}P와 ^{35}S가 포함된 배지에서 각각 파지를 배양하여 DNA가 ^{32}P로 표지된 파지와 단백질이 ^{35}S로 표지된 파지를 얻은 후 방사성 동위원소로 표지된 각각의 파지를 보통 배지에서 배양한 대장균에 감염시킨다. 즉 각 파지를 혼합해 대장균에 감염시키지 않는다.

11 포유류의 갈색 지방의 세포의 미토콘드리아는 특이하게도 ATP 생성을 하지 않고 짝풀림 반응을 통해 열을 만든다. 즉 미토콘드리아 내막에서의 산화적 인산화를 통한 ATP 생성이 일어나지 않으므로 1분자의 포도당이 산화될 때 해당작용(과정)에 의해 2ATP가 생성되고 피루브산의 산화(기질수준 인산화)에 의해 2ATP가 생성되므로 총 4ATP가 만들어진다.

12 회충은 선형동물문에 속한다.
촌충, 간디스토마, 주혈흡충은 모두 편형동물문에 속한다.

13 하디-바인베르크 법칙에 따르면 유전적 평형 상태가 유지되는 멘델 집단에서는 대립 유전자의 종류와 빈도가 대를 거듭하더라도 변하지 않는다. 즉 어버이 세대의 대립 유전자 빈도가 다음 세대의 대립 유전자의 빈도와 일치한다. 문제에서 P2의 개체가 54명, p2의 개체는 30명, 2Pp는 66명으로 나타났으며 총 150명이었다. 열성대립유전자 p의 빈도는 $\dfrac{(2 \times 30) + 66}{2 \times 150} = 0.42$이며 이들 개체군의 수가 15,000명까지 증가해도 빈도는 0.42로 동일하다.

14 초파리의 검은색 몸통, 흔적 날개, 막대 모양의 눈을 나타내는 열성대립유전자를 a, b, c라 한다. 세 가지의 열성대립유전자가 모두 동형접합형인 초파리를 정상 초파리와 교배하였을 때, 자손 F1은 모두 정상 수컷과 정상 암컷 초파리로 관찰되었다. 자손 F1의 수컷 초파리와 암컷 초파리를 교배하여 얻은 자손 F2 초파리 1600마리를 표현형에 따라 〈보기〉와 같이 분류하였다. 초파리의 몸통 색, 날개 모양, 눈 모양을 나타내는 유전 현상에 대한 설명으로 가장 옳지 않은 것은? (단, 제시한 형질들은 각각 한 쌍의 대립유전자에 의해 결정되며 정상대립유전자는 열성대립유전자에 대해 완전 우성이다. 또한 돌연변이와 교차는 고려하지 않는다.)

─────── 〈보기〉 ───────

개체수(F2)	표현형
600	정상 색 몸통, 정상 날개, 정상 눈을 가진 암컷
300	정상 색 몸통, 정상 날개, 정상 눈을 가진 수컷
300	검은색 몸통, 정상 날개, 막대모양의 눈을 가진 수컷
200	정상 색 몸통, 흔적 날개, 정상 눈을 가진 암컷
100	정상 색 몸통, 흔적 날개, 정상 눈을 가진 수컷
100	검은색 몸통, 흔적 날개, 막대 모양의 눈을 가진 수컷

① 몸통 색과 눈 모양을 결정하는 유전자는 연관되어 있다.

② 몸통 색과 눈 모양을 결정하는 유전자는 반성유전을 한다.

③ 날개 모양을 결정하는 유전자는 상염색체 유전을 한다.

④ 몸통 색과 날개 모양을 결정하는 유전자는 연관되어 있다.

15 원핵생물인 세균에 대한 설명으로 가장 옳지 않은 것은?

① 편모는 튜불린 단백질로 구성되어 있다.

② 외막에는 특이적인 O-항원이 존재하며 미생물의 혈청학적 구분에 이용된다.

③ 세포벽은 펩티도글리칸이 주성분이다.

④ 막으로 둘러싸인 핵과 세포 소기관이 없다.

16 속씨식물의 배(embryo), 배젖(endosperm), 포자체의 핵형을 옳게 짝지은 것은?

	배	배젖	포자체
①	n	2n	2n
②	2n	3n	n
③	2n	3n	2n
④	2n	n	3n

14 '정상 색 몸통(A) > 검은색 몸통(a)', '정상 날개(B) > 흔적 날개(b)', '정상 눈(D) > 막대 모양의 눈(d)' 이라고 각 형질에 대한 유전자를 지정했다고 가정하자. P에서 세 가지의 열성대립유전자가 모두 동형접합형인 초파리를 정상 초파리와 교배했을 때 F1에서 모두 정상 수컷과 정상 암컷 초파리로 관찰되었으므로 F1의 암컷은 XBDXbd, 수컷은 XBDY 유전자형을 가졌다고 볼 수 있다. 이 암수를 교배해서 얻은 F2의 유전자형을 살펴보면 XBDXBD, XBDXbd, XBDY, XbdY 네 가지 표현형을 가지는 개체가 태어난다는 것을 알 수 있다. 즉 정상 날개-정상 눈 암컷 : 정상 날개-정상 눈 수컷 : 흔적 날개-막대 모양의 눈 수컷 = 2 : 1 : 1의 비로 태어난다. 이때 몸통 색에 대한 유전자는 상염색체에 독립되어 있으므로 정상 색 몸통 : 검은색 몸통 = 3 : 1 의 비로 나타나므로 날개와 눈의 표현형에 각각 3 : 1의 비를 독립적인 경우의 수로 곱해주게 되면 정상 날개 - 정상 눈 - 정상 색 몸통 : 정상 날개 - 정상 눈 - 검은색 몸통 : 정상 날개 - 정상눈 - 정상 색 몸통 : 정상 날개 - 정상눈 - 검은색 몸통 : 흔적 날개 - 막대 모양 눈 - 정상 색 몸통 : 흔적 날개 - 막대 모양 눈 - 검정색 몸통 = 6 : 2 : 3 : 1 : 3 : 1의 비를 갖는다. 즉 문제에 제시된 표의 개체수 비와 동일하다는 것을 알 수 있다.
④ 몸통 색과 날개 모양을 결정하는 유전자는 독립되어 있다.

15 세균은 외막에 특이적 O-항원이 존재하며 펩티도글리칸 성분의 세포벽을 가지며 핵막과 막성 세포소기관이 없다.
① 원핵생물인 세균의 편모는 플라젤린 단백질 11가닥으로 구성되어 있다.

16 속씨식물의 배는 밑씨와 정핵이 결합한 것으로 2n, 배젖은 극핵 2개와 정핵이 결합한 것으로 3n이고 포자체는 2n의 핵상을 가진다.

정답 및 해설 14.④ 15.① 16.③

17 신경전달물질인 아세틸콜린에 대한 설명으로 가장 옳지 않은 것은?

① 보툴리누스균 독소(상품명 보톡스)는 시냅스 말단에서의 아세틸콜린 방출을 촉진시킨다.

② 아세틸콜린은 심장에서 심장박동수를 감소시킨다.

③ 아세틸콜린은 운동뉴런에서 방출되어 골격근을 수축시킨다.

④ 노르에피네프린은 말초신경계에 있는 흥분성 신경 전달물질이다.

18 대부분의 세포 내 대사 작용은 각 단계마다 하나의 효소가 촉매로 작용하여 최종 생성물이 만들어진다. 최종 생성물이 세포가 필요로 하는 양보다 많은 경우, 이 생성물은 대사 경로의 초반에 있는 효소들 중 하나의 활성을 억제함으로써 대사과정을 조절할 수 있다. 이러한 조절기전은 호르몬 작용에서도 관찰된다. 〈보기〉에서 이러한 조절기전으로 옳지 않은 것을 모두 고른 것은?

───────── 〈보기〉 ─────────

㉠ 여성의 배란 직전 증가된 에스트로겐(estrogen)에 의한 시상하부 자극

㉡ 부갑상샘 호르몬(parathyroid hormone, PTH)에 의한 혈중 칼슘농도 조절

㉢ 옥시토신(oxytocin)에 의한 분만 조절

㉣ 가스트린(gastrin)에 의한 위액 분비 조절

① ㉠, ㉡

② ㉠, ㉢

③ ㉡, ㉢

④ ㉢, ㉣

19 수용성 비타민이 아닌 것은?

① 티아민(thiamin)

② 레티놀(retinol)

③ 니아신(niacin)

④ 엽산(folate)

20 종간 상호작용은 군집구조의 기본요소이다. 상리공생(mutualism)의 예로 가장 옳지 않은 것은?

① 식물과 균근(mycorrhizae)

② 초식동물과 셀룰로오스-분해 미생물

③ 산호와 광합성 쌍편모조류

④ 시계풀포도나무(Passiflora)와 헬리코니우스 유충

---

17 ① 보톡스는 시냅스 말단에서의 아세틸콜린 방출을 감소시켜 신경근 차단 효과를 유발한다.

② 아세틸콜린은 부교감신경의 절후 뉴런 말단에서 분비되는 신경 전달 물질로 심장박동수를 감소시킨다.

③ 운동뉴런에서 방출되어 골격근 수축을 통해 근수축이 일어나도록 유발한다.

④ 노르에피네프린은 말초신경계 중 교감신경의 절후 뉴런 말단에서 분비되는 신경 전달 물질로, 흥분성 신경 전달물질이다.

18 ⓒ, ⓔ은 음성 피드백 원리로 조절되는 기전에 대한 설명이다.

ⓐ 에스트로겐은 FSH와는 음성 피드백 관계, LH와는 양성 피드백 관계이다. 하지만 배란 직전에는 이 호르몬의 분비 조절에 주기적 변이가 나타난다. 배란 직전 시기에 에스트로겐은 FSH와 LH 분비에 양성 피드백 효과를 나타낸다. 최대로 성숙한 성숙 여포에서 많은 양의 에스트로겐이 분비되어 역치 이상에 도달 시 FSH와 LH 분비를 최대로 유도해 배란(황체 형성)이 일어나도록 한다.

ⓒ 옥시토신은 양성 피드백 작용을 통해 출산 시 자궁 수축이 잘 일어나도록 유도해 분만을 조절한다.

19 티아민은 비타민 B1이며 니아신, 엽산 모두 수용성이다.

② 레티놀은 비타민 A이며 지용성이다.

20 상리공생은 서로에게 이익이 되는 경우를 뜻한다. 헬리코니우스 유충은 시계풀포도나무의 잎을 먹으며 살아가며 시계풀포도나무를 숙주로 여기므로 기생에 해당한다.

정답 및 해설 17.① 18.② 19.② 20.④

1 헤모글로빈과 미오글로빈 단백질에 대한 설명으로 옳은 것을 〈보기〉에서 모두 고른 것은?

———— 〈보기〉 ————

○ 헤모글로빈은 적혈구에, 미오글로빈은 근육세포에 존재한다.
ⓒ 산소압에 따른 헤모글로빈의 산소결합곡선은 S자형이다.
ⓒ 헤모글로빈과 미오글로빈 모두 보결분자로 헴 구조를 가지고 있다.
ⓒ 헤모글로빈과 미오글로빈 모두 α와 β 단백질을 각각 2개씩 4개의 단량체 단백질을 포함한다.

① ㉠, ㉡
② ㉢, ㉣
③ ㉠, ㉡, ㉢
④ ㉠, ㉡, ㉣

2 개구리의 수정란은 분할(난할, cleavage)을 계속하여 포배를 형성한다. 분할에 대한 설명으로 가장 옳지 않은 것은?

① 분할은 발생의 초기 단계로서 다세포를 만들어내는 빠른 세포분열을 말한다.
② DNA 복제, 유사분열, 세포질 분열이 매우 빠르게 일어난다.
③ 개구리에서는 단단한 세포구를 만드는 분할과정이 4일 정도 걸린다.
④ 유전자 전사는 실제적으로 일어나지 않아 새로운 단백질이 거의 합성되지 않는다.

3 세포호흡을 담당하는 미토콘드리아(mitochondria)와 광합성에 관여하는 틸라코이드(thylakoid)에 대한 설명 중 옳은 것을 〈보기〉에서 모두 고른 것은?

〈보기〉

⊙ 틸라코이드의 스트로마와 미토콘드리아의 기질에서 ATP가 생성된다.
⊙ 산화적 인산화 시 수소이온은 미토콘드리아 기질에서 미토콘드리아의 내막과 외막 사이의 공간으로 이동한다.
⊙ 틸라코이드의 스트로마에서 수소이온 농도는 틸라코이드 내부의 수소이온 농도보다 낮다.
⊙ 미토콘드리아 내막과 외막 사이의 공간에서 전자가 산소로 전달된다.

① ㉠, ㉡
② ㉡, ㉢
③ ㉢, ㉣
④ ㉠, ㉢

1 ㉣ [×] 헤모글로빈은 α 사슬 2개, β 사슬 2개가 모인 폴리펩타이드사슬로 구성되어 있다. 미오글로빈은 단일 폴리펩타이드 사슬로 존재한다.

2 조류와 포유류의 경우 외배엽 전구체가 증식하여 난황을 감싸 이동하는 데 대략 4일이 소요된다.

3 ㉠ [×] 미토콘드리아 기질과 엽록체의 스트로마에서 ATP가 생성된다(틸라코이드의 스트로마라는 말은 알맞지 않음).
㉡ [×] 산화적 인산화시 수소이온은 미토콘드리아 막간 공간에서 기질로 이동한다.
㉢ [×] 수소 이온 농도는 틸라코이드 내부가 스트로마보다 높다(틸라코이드의 스트로마라는 말은 알맞지 않음).
㉣ [×] 미토콘드리아 내막의 전자 전달 효소를 통해 전자가 산소로 전달된다.

정답 및 해설 1.③ 2.③ 3.정답 없음

4 호수 바닥에서 살고 있는 메탄생성균(methanogen)과 프로테오박테리아에 속하는 니트로조모나스 (*Nitrosomonas*), 광합성을 하는 시아노박테리아(cyanobacteria)에 대한 설명으로 가장 옳은 것은?

① 메탄생성균과 니트로조모나스는 진핵생물과 유사한 rRNA 염기서열을 갖는다.

② 메탄생성균과 시아노박테리아는 DNA에 결합하는 히스톤을 갖는다.

③ 니트로조모나스와 시아노박테리아는 한 종류의 RNA 중합효소를 갖는다.

④ 메탄생성균과 니트로조모나스와 시아노박테리아는 모두 펩티도글리칸으로 만들어진 세포벽을 갖는다.

5 생물체의 RNA 종류 중 그 양이 특정 단백질의 생산량에 영향을 줄 수 있는 것으로 옳게 짝지은 것은?

① mRNA − rRNA

② rRNA − tRNA

③ tRNA − 마이크로RNA(miRNA)

④ mRNA − 마이크로RNA(miRNA)

6 세포매개 면역반응(cell-mediated immune response)에 대한 설명으로 옳은 것을 〈보기〉에서 모두 고른 것은?

〈보기〉

㉠ 항원제시세포는 보조 T 림프구에게 자기 단백질(self protein)과 외래항원을 제시한다.

㉡ 보조 T 림프구는 인터루킨 2(IL-2)를 분비하여 B 림프구를 활성화한다.

㉢ 보조 T 림프구는 인터루킨 2(IL-2)를 분비하여 세포독성 T 림프구를 활성화한다.

㉣ 항원제시세포는 인터루킨 1(IL-1)을 분비하여 보조 T 림프구를 활성화한다.

① ㉡, ㉢

② ㉠, ㉡, ㉣

③ ㉠, ㉢, ㉣

④ ㉠, ㉡, ㉢, ㉣

7 어떤 콩의 껍질의 색이 독립적으로 유전되는 두 개의 유전자에 의해 조절되는 다인자유전의 결과라고 가정하자. 같은 정도의 검은 색을 나타내는 유전자 A와 B는 대립유전자 a와 b에 대해 불완전우성이다. 가장 검은 콩(AABB)과 가장 흰 콩(aabb)의 교배로 얻은 F1세대의 색깔과 동일한 색의 콩을 F1끼리 교배한 F2 세대에서 얻을 확률은?

① 1/16

② 4/16

③ 5/16

④ 6/16

---

4 메탄생성균은 고세균에 속하고 니트로조모나스와 시아노박테리아는 세균에 속한다. 고세균의 경우 원핵생물인 세균과 분류학적으로 매우 큰 차이가 있으며 오히려 진핵생물 세포와 가깝다. 세포벽의 경우 세균은 펩티도글리칸층을, 고세균은 슈도펩티도글리칸층을 갖는다. 또한 고세균은 DNA에 히스톤 단백질을 포함하지만 세균은 히스톤 단백질을 가지지 않는다.

5 rRNA는 리보솜을 구성하는 RNA이다. tRNA는 mRNA의 코돈에 대응하는 안티코돈을 가지고 있으며, 꼬리 쪽에는 해당하는 안티코돈에 맞추어 tRNA와 특정한 아미노산을 연결해 주는 효소에 의해 안티코돈에 대응하는 아미노산을 단다. miRNA는 mRNA와 상보적으로 결합해 세포 내 유전자 발현과정에서 중추적 조절인자로 작용한다.

6 2차 방어 작용에 대한 내용으로 특이적 방어 작용이라고도 한다. 대식세포가 항원을 제거하면서 항원 조각을 제시하면서 인터루킨 I 을 분비한다. 인터루킨 I 이 보조 T림프구를 활성화시켜 인터루킨 II 가 분비된다. 인터루킨 II 가 세포독성 T림프구를 활성화시킨다. 보조 T림프구는 B세포에 결합하고 항체 생성을 촉진시키는 인터루킨 II 를 분비해 B세포를 활성화한다. 그 이후 세포성 면역의 경우 항원에 감염된 세포가 항원 조각을 제시하면 세포 독성 T 림프구와 만나면서 제거된다. 체액성 면역의 경우 B림프구가 보조 T림프구로 인해 형질세포와 기억세포로 분화되고 형질세포는 항체를 생성해 항원항체반응을 통해 항원을 제거하며 기억세포는 다음에 동일한 항원이 들어왔을 때 빠르게 반응할 수 있게 한다. 보조 T 림프구가 B세포를 인식하기 위해서는 B세포 표면에 부착된 항체가 대식세포에 의해 제시되었던 항원 단백질의 일부분과 결합하고 있어야 한다. 인터루킨은 B세포를 간접적으로 자극할 수 있다.

7 AABB와 aabb의 교배로 얻은 F1세대의 유전자형은 AaBb이다. F1을 자가교배했을 때 다인자유전의 경우 나타날 수 있는 경우의 수는 $_4C_2/2^4$으로 구할 수 있다.

정답 및 해설 4.③ 5.④ 6.③ 7.④

8 양인자이형접합자(양성잡종, dihybrid)에 대한 설명으로 옳지 않은 것을 〈보기〉에서 모두 고른 것은?

───────── 〈보기〉 ─────────

ㄱ 두 쌍 중 한 쌍의 유전자의 각 대립인자가 서로 다르다.
ㄴ 이배체 단일 유전자의 대립인자에 대한 표현이다.
ㄷ 서로 교배하면 9종류의 서로 다른 유전자형이 나온다.
ㄹ 검정교배를 하면 4종류의 표현형이 동일한 비로 나온다.
ㅁ 표현형은 우성형질의 것으로 나타난다.

① ㄱ, ㄴ   ② ㄴ, ㄷ

③ ㄷ, ㄹ   ④ ㄹ, ㅁ

9 식물의 수송에 대한 설명으로 가장 옳지 않은 것은?

① 카스파리안선(casparian strip)은 아포플라스트(apoplast)를 통한 물의 이동을 막는다.
② 물관부에서 증산-응집력-장력의 기작이 물의 수송을 일어나게 한다.
③ 공변세포는 빛이 없으면 양성자를 밖으로 퍼내고 대신 K^+과 Cl^-을 세포 내로 끌어들인다.
④ 동반세포(companion cell)는 체관요소의 생명유지에 필요한 기능을 제공한다.

10 질소는 단백질과 핵산의 주 원소이다. 대기 중의 질소를 직접 이용할 수 없는 식물은 미생물의 대사산물을 이용한다. 식물이 이용하는 질소대사산물을 생산하는 미생물을 〈보기〉에서 모두 고른 것은?

───────── 〈보기〉 ─────────

ㄱ 질화세균(nitrifying bacteria)
ㄴ 탈질화세균(denitrifying bacteria)
ㄷ 남세균(시아노박테리아, cyanobacteria)
ㄹ 뿌리혹박테리아(근립균, leguminous bacteria)

① ㄱ, ㄴ, ㄷ   ② ㄱ, ㄴ, ㄹ

③ ㄱ, ㄷ, ㄹ   ④ ㄴ, ㄷ, ㄹ

11 4명의 학생이 동일한 식물을 관찰하고 그 모양을 기록하였다. 올바르게 관찰하여 기록한 학생의 것은?

① 잎맥이 서로 평행 – 원형 배열의 관다발 – 꽃잎이 5개 – 원뿌리

② 잎맥이 갈라짐 – 관다발이 산발적 – 꽃잎이 5개 – 수염뿌리

③ 잎맥이 서로 평행 – 관다발이 산발적 – 꽃잎이 6개 – 수염뿌리

④ 잎맥이 갈라짐 – 원형 배열의 관다발 – 꽃잎이 6개 – 원뿌리

---

8 ㉠ [×] 양성잡종은 두 쌍의 유전자의 각 대립인자가 다르다.
　　㉡ [×] 이배체의 두 가지 유전자의 대립인자에 대한 표현이다.

9 빛이 있을 때 공변세포의 원형질막에 있는 색소에 의해 흡수된 청색광에 의해 양성자가 양성자 펌프를 통해 공변세포에서 주변 표피세포로 나가게 된다. 이 결과로 양성자 기울기가 형성되어 공변세포 내에 칼륨 이온이 흡수된다.

10 ㉡ 탈질화세균은 혐기적 조건에서 산소 대신 질산을 사용하는 질산호흡 또는 이화적 질산환원을 한다. 즉, 산소가 부족한 환경에서 질산이나 아질산을 환원하여 질소가스로 방출하는 세균으로, 식물이 이용하는 질소대사산물을 생산하지 않는다.

11 외떡잎식물은 꽃잎이 3배수, 쌍떡잎식물은 꽃잎이 4또는 5배수이며 잎맥은 외떡잎식물이 나란히맥, 쌍떡잎식물은 그물맥이며 외떡잎식물은 관다발이 산발적이며 쌍떡잎식물은 관다발이 규칙적이다. 뿌리모양은 외떡잎식물이 수염뿌리, 쌍떡잎식물은 원뿌리와 곁뿌리로 구분된다.

정답 및 해설 8.① 9.③ 10.③ 11.③

12 〈보기 1〉은 뉴런의 휴지전위 및 활동전위에 대한 그래프이다. 각 단계별 나트륨 이온통로와 칼륨 이온 통로에 대한 설명 중 옳은 것을 〈보기 2〉에서 모두 고른 것은?

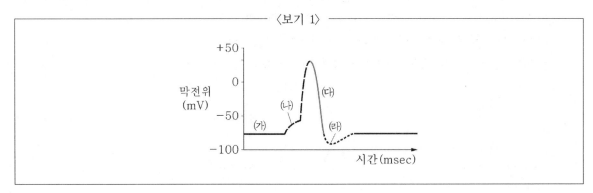

―――― 〈보기 2〉 ――――

㉮ 전압 개폐성이 아닌 칼륨 통로가 전압 개폐성이 아닌 나트륨 통로에 비해 상대적으로 많이 열려 있다.
㉯ 전압 개폐성 나트륨 통로가 열리면서 막전위가 변화한다.
㉰ 전압 개폐성 칼륨 통로가 열리고 칼륨 이온이 세포 내부로 이동한다.
㉱ 전압 개폐성 칼륨 통로가 빠르게 닫혀 휴지전위 이하로 막전위가 내려간다.

① ㉮, ㉯
② ㉰, ㉱
③ ㉮, ㉯, ㉱
④ ㉯, ㉰, ㉱

13 세포 호흡은 전자전달계를 통한 산화적 인산화로 ATP를 얻기 위해 해당 과정과 시트르산 회로에서 얻은 환원력을 이용한다. 다음 중 환원력을 제공하는 탈수소효소의 기질로 옳게 짝지은 것은?

① 1,3-이인산글리세르산(BPG) — 아이소시트르산(isocitric acid)
② 3-인산글리세르산(3-PG) — 알파케토글루타르산(α-ketoglutaric acid)
③ 포스포에놀피루브산(PEP) — 숙신산(succinic acid)
④ 글리세르알데히드-3인산(G3P) — 말산(malic acid)

14 유전체학(genomics)에 대한 설명으로 가장 옳지 않은 것은?

① 효모(*S. cerevisiae*)는 염기서열이 완전히 결정된 최초의 진핵생물이다.

② 염기서열이 완전히 결정된 최초의 다세포생물은 꼬마선충(*C. elegans*)이다.

③ 유전체의 크기는 생물 개체의 크기, 복잡성, 외형 등과 연관성이 크다.

④ 인간 유전체 사업(human genome project)에 의해 인간 유전체의 대부분이 유전자로 이뤄져 있지 않다는 것이 밝혀졌다.

---

12 ㈐ [×] 전압 개폐성 칼륨 통로가 열리고 칼륨 이온이 세포 외부로 이동한다.
　　㈑ [×] 전압 개폐성 칼륨 통로는 닫히는 속도가 느려 휴지전위 이하로 막전위가 내려간다.

13 해당과정에서 탈수소효소가 작용하는 곳은 글리세르알데히드-3인산이 1,3-이인산글리세르산이 될 때이다. 시트르산 회로에서 탈수소효소가 작용하는 곳은 피루브산이 아세틸CoA가 될 때, 시트르산이 알파케토글루타르산이 될 때, 알파케토글루타르산이 숙신산이 될 때, 말산이 옥살로아세트산이 될 때이다. 즉 탈수소효소의 기질이 될 수 있는 물질은 글리세르알데히드-3인산, 피루브산, 시트르산, 알파케토글루타르산, 말산이 있다.

14 유전체의 크기는 생물 개체의 크기, 복잡성, 외형 등과는 연관성이 멀다.

정답 및 해설 12.① 13.④ 14.③

15 사람의 수정란에서 45개의 염색체가 발견되었다. 이에 대한 설명으로 가장 옳은 것은?

① 난자 또는 정자의 감수분열 후기에 오류가 일어났다.

② 제1감수분열 전기에 키아즈마(chiasma)가 생기지 않았다.

③ 제2감수분열 중기에 염색체의 정렬이 일어나지 않았다.

④ 23개의 염색체를 가진 난자와 22개의 염색체를 가진 정자의 수정이 일어났다.

16 〈보기〉는 뇌구조를 나타낸 것이다. 이 중 반사 중추로서 소화운동 조절, 호흡, 순환 등의 역할을 하는 곳은?

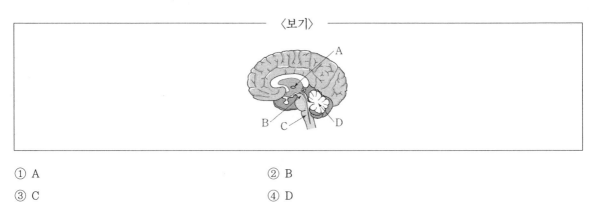

① A   ② B

③ C   ④ D

17 화합물 A는 칼슘의 세포막 이동을 차단시키는 킬레이트 제제이다. 화합물 A가 신경세포의 시냅스에 미치는 영향에 대한 설명으로 가장 옳은 것은?

① 시냅스전뉴런(presynaptic neuron)의 신경전달물질 방출을 증가한다.

② 시냅스전뉴런(presynaptic neuron)의 신경전달물질 방출을 감소시킨다.

③ 신경전달물질은 방출되나 시냅스후뉴런(postsynaptic neuron)의 수용체와는 결합할 수 없다.

④ 시냅스후뉴런(postsynaptic neuron)의 리간드 개폐성(ligand-gated) 이온채널을 열어 놓아 칼슘이온이 결핍된다.

18 낫모양적혈구빈혈(sickle-cell anemia)은 베타-헤모글로빈을 구성하는 유전자에 돌연변이가 일어나 글루탐산이 발린으로 치환된 질환이다. 변이가 일어난 발린의 특징에 해당하는 것은?

① 단백질의 표면에 있어 물과 직접 접한다.

② 단백질의 내부를 구성할 것이다.

③ 산소와 결합하는 활성부위를 구성한다.

④ 헴(heme)과 결합하는 부위를 구성한다.

---

15 염색체 수 이상으로 감수분열 시기에 제대로 분열이 일어나지 않을 경우 발생된다.
　② 키아즈마는 유전적 다양성을 높여주는 것으로 염색체 수와는 관련 없다.
　③ 염색체 정렬과 염색체 수 이상과는 관련이 없다.
　④ 정자, 난자 관계없이 n, n-1의 생식세포 결합 시 45개 염색체를 가진 수정란 생성이 가능하다.

16 A는 간뇌, B는 중간뇌, C는 연수, D는 소뇌이다. 반사중추로서 소화운동 조절, 호흡, 순환과 관련된 뇌는 연수이다.

17 칼슘이온은 흥분 전달 과정에서 시냅스 소포가 세포막과 융합하는 과정을 촉진한다. 시냅스 소포가 세포막과 융합하게 되면 신경전달물질이 시냅스 틈으로 확산되어 시냅스 이후 뉴런의 세포막의 수용체에 결합 시 나트륨통로가 열리면서 시냅스 후 뉴런에서 탈분극을 야기한다. 즉 칼슘의 세포막 이동을 차단시키는 킬레이트 제제의 물질을 처리했을 경우 시냅스전뉴런에서 신경전달물질 방출이 감소된다.

18 발린은 소수성 아미노산으로 단백질의 내부를 구성한다.

정답 및 해설 15.① 16.③ 17.② 18.②

19 3가지의 다른 유전자 A, B, C가 3종의 유전자 좌위(loci)에 위치한다. 각각 두 가지의 표현형을 나타내는데 그 중 하나는 야생 표현형과는 다르다. A의 비정상 대립유전자인 a의 표현형은 B 또는 C의 표현형과 50% 정도 함께 유전이 된다. 또 다른 경우, b와 c 유전자는 약 14.4% 정도 함께 유전되는 것으로 보인다. 이에 대한 설명으로 가장 옳은 것은?

① 각각의 유전자는 독립적으로 분리된다.
② 세 유전자는 서로 연관된 유전자이다.
③ A는 연관유전자이나 B와 C는 아니다.
④ B와 C는 연관유전자이며 A와는 독립적으로 분리된다.

20 〈보기〉의 DNA 시료를 제한효소 1과 2로 처리한 후 젤 전기영동으로 분리하여 A, B, C 세 개의 절편을 얻었다. 젤 전기영동으로 얻어진 DNA 절편의 순서로 가장 옳은 것은?

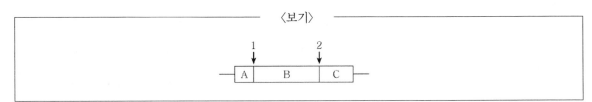

①

②

③

④

19 독립일 경우 교차율이 50%, 상인 완전 연관과 상반 완전 연관일 경우 교차율이 0%이다. 또한 상인 불완전 연관, 상반 불완전 연관이 일어나 교차가 일어날 경우 교차율이 0%보다 크고 50% 미만이다. 즉 B와 C는 교차가 일어난 연관유전자이며 A와는 독립적으로 분리된다.

20 DNA는 (−)극을 띠는 물질로 전기영동을 통해 얻어진 절편 중 크기가 작은 것이 (+)극으로 가장 많이 이동하고 크기가 클수록 (+)극으로 이동을 적게 하므로 절편의 크기가 'B 〉 C 〉 A'이므로 가장 (+)쪽으로 이동한 절편은 A, (−)극 쪽에 가장 가깝게 있는 절편은 B이다.

정답 및 해설 19.④ 20.①

1 〈보기〉가 공통적으로 설명하는 호르몬에 해당하는 것은?

〈보기〉

- 곰팡이가 합성하여 벼에서 키다리병을 유발한다.
- 보리 등 곡물 종자의 배에 존재하며 발아를 촉진한다.
- 톰슨의 씨 없는 포도를 생산하는 데 이용된다.
- 키 작은 완두에 처리하면 정상적인 키를 갖는다.

① 옥신
② 사이토키닌
③ 지베렐린
④ 앱시스산

2 시아노박테리아의 하나인 아나베나(Anabaena)에서 일어나는 질소고정에 대한 설명으로 가장 옳지 않은 것은?

① 대기 중의 질소를 암모니아로 전환한다.
② 산소는 질소고정효소를 활성화시킨다.
③ 광합성 세포와 이형세포 사이에는 세포 간 연접이 형성되어 있다.
④ 이형세포에 질소고정효소가 있다.

3 〈보기〉에서 설명하고 있는 세포현상은?

> ─────────── 〈보기〉 ───────────
>
> 손상된 세포 내 소기관(예, 미토콘드리아)은 막에 의해 둘러싸여 소낭을 형성하게 된다. 그 후 소낭은 리소좀과 융합하고, 리소좀에 존재하는 가수분해효소들이 소기관 성분을 소화한다.

① 식세포작용(phagocytosis)

② 자기소화작용(autophagy)

③ 아폽토시스(apoptosis)

④ 음세포작용(pinocytosis)

---

1 ① 옥신은 식물의 생장 조절 물질의 하나로, 성장을 촉진하며 낙과를 방지하고 착과를 조절한다.
   ② 사이토키닌은 잎의 노화를 저해, 세포분열을 촉진하며 곁가지 생장을 촉진한다.
   ④ 앱시스산은 종자 휴면 유지, 기공 닫기, 스트레스 저항성을 촉진한다.

2 질소 고정효소는 산소에 노출될 경우 빠르게 불활성화 된다. 그러나 남조류나 아조토박터와 같은 세균의 경우 혐기 조건에서는 살 수 없으므로 아예 내부에서 산소를 생성한다. 따라서 이런 세균들의 경우 각각의 영양세포와는 별개로 질소 고정을 위해 특수하게 분화된 세포들이 사이사이에 존재하는데 이것을 이형세포라고 한다.

3 손상된 세포 내 소기관이 분해될 때 일어나는 자기소화작용 과정이다.

정답 및 해설 1.③ 2.② 3.②

4 생체에는 다양한 고분자 물질들이 존재한다. 생체분자의 구조 및 형성 원리에 대한 설명으로 가장 옳은 것은?

① 다당류에 해당하는 글리코겐(glycogen)은 셀룰로오스(cellulose)와 달리 당의 연결 형태에 가지 친 구조가 나타나지 않는다.

② 인지질(phospholipid) 분자는 소수성의 탄화수소 꼬리를 두 개 가지며, 지방산은 세 개의 소수성 탄화수소 꼬리를 갖는다.

③ 단백질이 가지는 구조적 도메인(domain)은 고유의 3차 구조를 가짐으로써 독립적인 기능 단위로 작용할 수 있다.

④ 데옥시리보오스(deoxyribose)의 5′ 탄소에 인산이 결합되고 3′ 탄소에 염기(base)가 결합하여 뉴클레오타이드 분자가 만들어진다.

5 내피 세포에 위치하는 카스파리안선(casparian strip)에 존재하는 물질로 물과 물에 녹은 무기질의 투과를 막는 것은?

① 리그닌　　　　　　　　　　　　② 수베린
③ 셀룰로오스　　　　　　　　　　④ 미세섬유소원

6 〈보기〉에서 설명하는 유전병에 해당하는 것은?

――――――――――― 〈보기〉 ―――――――――――

이 병을 갖는 아기의 뇌세포는 결정적인 효소가 제대로 작동하지 않기 때문에 특정 지질을 대사하지 못한다. 이 지질이 뇌세포에 축적되면서 유아는 경련, 시력 상실, 운동 및 지적 능력의 퇴화를 겪게 된다. 이 질환에 걸린 아이는 출생 후 수 년 이내에 사망한다.

① 테이-삭스병(Tay-Sachs disease)
② 낭성섬유증(cystic fibrosis)
③ 헌팅턴병(Huntington's disease)
④ 연골발육부전증(achondroplasia)

7 동물의 발생에 대한 설명으로 가장 옳지 않은 것은?

① 새로운 배아 형성에 필요한 성분들은 난자의 세포질에 고르게 분포되어 있다.

② 양서류 난모 세포는 수정 후에 회색신월환을 동등하게 나누면 2개의 할구로부터 2개의 정상적인 유충이 발달한다.

③ 난황의 양이 많은 물고기 알의 경우 난할이 난황 꼭대기에 있는 세포질 층에 한정되어 일어난다.

④ 한 배아의 등쪽 입술 세포를 다른 배아에 이식하면 새로운 신체부분이 형성된다.

---

4 ① 글리코겐은 가지 친 구조이고 셀룰로오스의 경우 포도당 단량체가 서로 다른 방향으로 결합하고 가지가 없는 막대형이다.
② 소수성 탄화수소 꼬리를 두 개 가지는 것은 인지질이고, 세 개 가지는 것은 중성지방이다.
④ 데옥시리보오스의 $5'$ 탄소에 인산이 결합하고 $1'$ 탄소에 염기가 결합해 뉴클레오타이드 분자가 만들어진다.

5 리그닌은 식물의 2차벽으로 성숙한 세포에서만 발견되며, 셀룰로오스는 1차벽을 구성한다.

6 낭성섬유증은 유전자 이상으로 인해 점액물질의 점성이 제대로 조절되지 못해 발생되는 병이며 헌팅턴병도 유전자 이상으로 인한 병으로, 뇌손상으로 인해 운동 증상에 문제가 생기는 병이다. 연골발육부전증은 염색체 이상으로 인한 병으로, 키가 작고 어깨와 엉덩이 관절에 의해 팔다리가 짧으며 비균형적으로 몸통이 길며 돌출된 앞이마 등이 나타난다.

7 새로운 배아 형성에 필요한 성분들은 난자 세포질의 뒤쪽 극에 분포한다.

정답 및 해설 4.③ 5.② 6.① 7.①

8 가을에 단일식물인 국화를 생육시키는 온실의 관리자가 밤 동안에 실수로 660nm 파장 빛을 잠깐 동안 켰다가 껐고, 그 다음에 730nm의 파장 빛을 잠깐 동안 켰다가 껐다. 이 과정 후 일어난 사건에 대해 옳은 것을 모두 고른 것은?

― 〈보기〉 ―――――――――――――――――――――――――
⊙ 생육 중인 국화의 꽃이 피지 않는다.
ⓒ 결국은 Pr형의 피토크롬(phytochrome)으로 전환된다.
ⓒ 생육 중인 국화의 꽃이 핀다.
ⓔ 결국은 Pfr형의 피토크롬(phytochrome)으로 전환된다.

① ⊙, ⓒ   ② ⓒ, ⓒ
③ ⊙, ⓔ   ④ ⓒ, ⓔ

9 두 개의 중쇄(heavy chain)와 두 개의 경쇄(light chain)로 구성되어 있는 일반적인 면역글로불린G(IgG) 항체의 구조에 대한 설명으로 가장 옳지 않은 것은?

① 두 개의 중쇄는 서로 결합되어 있지만 두 개의 경쇄는 서로 직접적인 결합 상호작용을 하지 않는다.
② 중쇄와 경쇄 모두 가변(V, variable) 영역과 불변(C, constant) 영역을 가지고 있다.
③ 두 개의 중쇄는 불변 영역에서 서로 결합한다.
④ 중쇄와 경쇄의 가변 영역은 각각 독립된 항원결합 부위를 형성한다.

10 시트르산 회로(또는 크렙스 회로)에서 기질 수준 인산화 반응에 의해 ATP가 생성되는 단계로 가장 옳은 것은?

① 시트르산 → α-케토글루타르산
② 숙신산 → 말산
③ α-케토글루타르산 → 숙신산
④ 옥살아세트산 → 시트르산

11 바이러스(virus) 중에서 이중가닥 RNA를 유전체로 가지고 있는 것은?

① 아데노바이러스(adenovirus)

② 파보바이러스(parvovirus)

③ 코로나바이러스(coronavirus)

④ 레오바이러스(reovirus)

---

8 식물이 빛에 노출되면 피토크롬이 분해되어 이것이 활성화되면 Pfr[원적색광(730nm) 흡수 피토크롬]의 양이 증가하고 밤 동안에는 Pfr의 농도가 서서히 감소한다. 만약 원적색광이 많게 되면 Pfr이 Pr[적색광(660nm) 흡수 피토크롬]로 전환하며 이 때 피토크롬은 합성되어 활성화되지 않는다. 660nm 및 이후 730nm의 빛을 비추었으므로 결국 Pfr가 Pr로 전환하여 국화꽃이 피게 된다.

9 중쇄와 경쇄의 가변 영역은 같은 항원결합부위를 형성한다.

10 α-케토글루타르산에서 숙신산이 될 때 기질수준인산화를 통해 ATP가 합성되며 시트르산에서 α-케토글루타르산이 될 때는 NADH가 형성되어 전자전달계를 거쳐 산화적 인산화를 통한 ATP가 합성된다. 숙신산에서 말산이 될 때 FADH2 생성 후 산화적 인산화를 거치고 옥살아세트산이 시트르산이 될 때는 별도의 인산화 과정이 일어나지 않는다.

11 아데노바이러스는 이중가닥 DNA 바이러스, 파보바이러스는 단일가닥 DNA 바이러스, 코로나바이러스는 단일가닥 RNA 바이러스이다.

정답 및 해설 8.② 9.④ 10.③ 11.④

12 〈보기 1〉 실험 결과의 해석으로 옳은 것을 〈보기 2〉에서 모두 고른 것은?

────────── 〈보기 1〉 ──────────

미생물학자인 광전(Kwang Jeon) 박사는 단세포성 원생생물인 아메바(Amoeba proteus)에 대한 연구를 수행하던 중에 실수로 아메바 배양세포의 일부가 간균에 의해 오염이 되었다. 몇몇 전염된 아메바는 금방 죽었지만, 일부 아메바는 생장은 느렸지만 살아남았다. 광전 박사는 호기심에 오염된 배양세포를 5년 동안 유지한 후에 관찰을 해보니 오염된 아메바 자손들은 간균의 숙주세포가 되었고, 생장 상태도 양호하였다. 그러나 감염되지 않은 아메바의 핵을 제거한 후, 감염된 아메바의 핵을 이식하면 감염되지 않은 아메바는 모두 죽고 말았다.

────────── 〈보기 2〉 ──────────

㉠ 이 실험은 엽록체나 미토콘드리아와 같은 세포 내 소기관이 내부 공생의 결과라는 증거이다.
㉡ 간균의 숙주세포가 된 아메바는 일부 유전자를 상실하였다.
㉢ 간균의 일부 유전자가 숙주세포가 된 아메바의 핵으로 이동하였다.
㉣ 숙주세포인 아메바의 생존을 위해 간균이 필요하다는 것을 보여준다.

① ㉠, ㉡   ② ㉡, ㉢
③ ㉠, ㉡, ㉣   ④ ㉡, ㉢, ㉣

13 〈보기〉가 설명하는 생식적 격리에 기여하는 생식적 장벽 중 접합 전 장벽에 해당하는 것은?

────────── 〈보기〉 ──────────

Bradybaena 속의 달팽이 두 종의 껍데기가 다른 방향으로 꼬여 있다. 가운데로 모여들 때 한 종은 반시계 방향으로, 다른 종은 시계 방향으로 꼬여 들어간다. 따라서 달팽이의 생식공이 정렬되지 못하여 짝짓기를 완성할 수 없다.

① 시간적 격리   ② 행동적 격리
③ 기계적 격리   ④ 생식세포 격리

14 단백질을 소포체로 이동시키는 일련의 신호기작에 대한 설명으로 가장 옳지 않은 것은?

① 세포 밖으로 분비될 운명의 폴리펩타이드 합성은 소포체의 세포질 쪽 면에 붙어 있는 부착리보솜에서 시작된다.

② 세포 밖으로 분비될 운명의 폴리펩타이드의 서열은 신호펩타이드(signal peptide)라고 불리는 소포체로 이동하게 하는 일련의 아미노산 서열로 시작된다.

③ 신호인식입자(signal recognition particle)가 신호펩타이드에 부착하면 폴리펩타이드 합성이 일시적으로 중단된다.

④ 소포체의 막에 존재하는 신호절단효소가 신호펩타이드를 자른다.

---

12 숙주세포인 아메바의 생존을 위해 간균이 필요함을 보여주는 실험으로, 간균의 숙주세포가 된 아메바는 일부 유전자를 상실하더라도 살아갈 수 있었다. 간균의 일부 유전자가 아메바의 핵으로 이동하지는 않는다. 엽록체나 미토콘드리아처럼 외부에 있던 물질이 세포 내 소기관에 들어와 공생한다는 증거가 된다.

13 접합 전 장벽에는 크게 짝짓기 시도의 실패, 수정의 실패로 나누어지는데 짝짓기 시도의 실패에 서식지 격리, 시간적 격리, 행동적 격리가 포함되고 수정의 실패에 기계적 격리, 생식세포 격리가 포함된다.

14 전사과정은 핵에서 일어나며 전사과정 결과 생성된 mRNA는 세포질로 이동한다. RNA에서 단백질이 합성되고 단백질이 폴리펩타이드로의 합성이 일어나는 장소는 모두 세포질이다.

정답 및 해설 12.③ 13.③ 14.①

15 〈보기〉 아미노산 구조의 성질로 가장 옳은 것은?

〈보기〉

$$CH_3$$
$$|$$
$$H_3N^+ \diagdown \overset{C}{\underset{|}{}} \diagdown COO^-$$
$$H$$

---

① 극성   ② 산성

③ 염기성   ④ 소수성

16 지질학적 기록을 바탕으로 지구 생물 역사를 설명한 내용으로 가장 옳지 않은 것은?

① 신생대에 이족 보행 인간의 조상이 출현하였다.

② 곤충은 중생대에 출현하였다.

③ 현화식물은 중생대에 출현하였다.

④ 종자식물은 고생대에 출현하였다.

17 〈보기〉에서 암세포에 대한 설명으로 옳은 것을 모두 고른 것은?

〈보기〉

㉠ 비정상적으로 자라고 분열하여 조직 내에서 매우 높은 밀도로 자라게 된다.

㉡ ATP 생성이 발효과정보다는 유기호흡에 의존하게 된다.

㉢ 주변에 작은 혈관이나 모세혈관이 비정상적으로 증가한다.

㉣ 세포 막 단백질에 변형이 생겨 조직 내에서 세포 간의 부착능력이 강해진다.

---

① ㉠, ㉡

② ㉠, ㉢

③ ㉠, ㉡, ㉣

④ ㉡, ㉢, ㉣

18 〈보기〉처럼 유전적 질환이나 암 발생과 관계될 수 있는 염색체 구조변화의 예로 옳지 않은 것은?

〈보기〉

다운증후군과 같이 염색체 수의 변화에 따른 유전적 질환 외에도, 염색체에서의 여러 구조적 변화는 헌팅턴병, 불임, 림프종과 같은 다양한 질병 또는 질환을 일으킬 수 있다.

① 감수분열 중에 두 개의 상동염색체가 서로 상응하는 유전자를 교환하는 교차(crossing over)
② 염색체 일부가 상동 염색체로 옮겨감으로 인해 특정 DNA 염기서열이 두 번 이상 반복되는 중복 (duplication)
③ 염색체 일부가 반전되어 반대 방향이 되는 역위(inversion)
④ 비상동성 염색체 간에 염색체의 일부가 교환되는 전좌(translocation)

15 곁사슬에 H를 가지는 글리신으로 이는 소수성 아미노산에 속한다.

16 곤충은 지금으로부터 4억 년 전인 고생대에 최초로 출현했으며 처음으로 유사 곤충이 나타난 것은 3억 5천만 년 전인 석탄 기라 할 수 있다. 신생대에 인류가 출현했고 중생대에 겉씨식물이 우세했고 고생대에 종자식물이 출현하였다.

17 암세포는 비정상적으로 빨리 자라는 세포로 많은 양의 ATP가 필요한데, 미토콘드리아에서 얻는 에너지의 양은 많을 수 있지 만 속도가 느리므로 세포질에서 에너지를 만든다. 세포 간 부착능력을 떨어뜨려 암세포는 기질에 침투하고 이동하며 전이가 일어난다.

18 교차는 유전적 다양성을 높이는 대표적인 예이다. 중복, 역위, 전좌는 염색체 구조의 변화로 인해 유전적 질환을 일으킬 수 있다.

정답 및 해설 15.④ 16.② 17.② 18.①

19 평소 신장 질환을 겪고 있는 환자의 소변을 채취하여 알부민 함량을 측정하였더니 정상인보다 높은 함량의 알부민이 검출되었다. 소변이 생성되는 여러 과정 중 소변의 알부민 함량과 가장 관련이 깊은 것은?

① 사구체 여과
② 세뇨관 재흡수
③ 세뇨관 분비
④ 소변의 농축

20 이산화탄소 수송에 대한 설명으로 옳은 것을 〈보기〉에서 모두 고른 것은?

〈보기〉

ㄱ 이산화탄소는 대부분 중탄산염(HCO_3^-)의 형태로 폐로 수송된다.
ㄴ 이산화탄소는 대부분 카바미노헤모글로빈($HbCO_2$)의 형태로 폐로 수송된다.
ㄷ 적혈구에서 형성된 중탄산염(HCO_3^-)은 헤모글로빈에 결합한다.
ㄹ 폐포 모세혈관에서 중탄산염(HCO_3^-)은 수소이온(H^+)과 결합하여 이산화탄소를 형성한다.

① ㄱ, ㄹ
② ㄴ, ㄷ
③ ㄱ, ㄷ, ㄹ
④ ㄴ, ㄷ, ㄹ

19 알부민은 단백질인데, 고분자인 단백질이 오줌에서 발견되었다는 것은 사구체에서 보먼주머니로 여과되지 말아야 할 물질이 여과되었음을 뜻한다.

20 이산화탄소의 23%는 카바미노헤모글로빈($HbCO_2$) 형태로 폐로 수송되고, 77%는 혈장에 녹아 중탄산염(HCO_3^-)형태로 폐로 수송되었다가 폐포 모세혈관에서 수소이온(H^+)과 결합하여 이산화탄소를 형성한다.

정답 및 해설 19.① 20.①

1 그림은 생물이 세포 호흡을 통해 포도당으로부터 최종 생성물과 에너지를 만들고, 이 에너지를 생명활동에 이용하는 과정을 나타낸 것이다. 이에 대한 설명으로 옳은 것만을 모두 고르면?

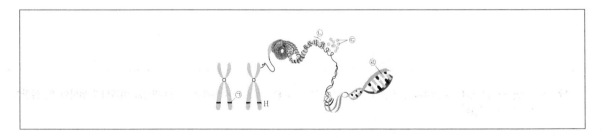

(가) ㉠은 H_2O이다.
(나) ATP가 $ADP+P_i$로 되는 과정에서 에너지가 흡수된다.
(다) 세포 호흡에서 발생한 에너지는 모두 ATP를 합성하는 데 이용된다.

① (가)
② (가), (나)
③ (나), (다)
④ (가), (나), (다)

2 그림은 유전자형이 Hh인 대립 유전자가 포함된 한 쌍의 상동 염색체로, 이들 중 한 염색체의 구조를 점차 확대하여 나타낸 것이다. 이에 대한 설명으로 옳지 않은 것은? (단, 돌연변이와 교차는 고려하지 않는다)

① ㉠은 대립 유전자 H이다.
② ㉡은 뉴클레오솜이다.
③ ㉢은 히스톤 단백질이다.
④ ㉣의 구성 성분으로 디옥시리보오스가 있다.

3 그림의 개구리와 하마는 눈과 코가 물 위로 동시에 나올 수 있는 공통점이 있다. 이에 해당하는 생명 현상의 특성과 가장 관련 있는 것은?

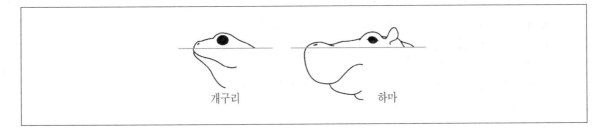

① 거미는 진동을 감지하여 먹이에게 다가간다.
② 장구벌레는 변태 과정을 거쳐 모기가 된다.
③ 크고 단단한 종자를 먹는 서로 다른 종의 새들은 대부분 부리가 크고 두껍다.
④ 수생 식물의 잎에서 광합성이 일어나면 공기 방울이 생성된다.

---

1 세포 호흡은 포도당과 같은 기질이 산소와 반응해 에너지를 만들고 물(H_2O)과 이산화탄소(CO_2)를 생성하는 반응이다.
　(나) [×] ATP가 ADP와 P_i로 되는 과정은 에너지가 발생하는 반응으로 고에너지 인산결합이 하나 끊어질 때마다 7.3kcal의 에너지가 발생된다.
　(다) [×] 세포 호흡에서 발생한 에너지는 ATP뿐만 아니라 열에너지로도 다량 방출된다.

2 ㉡은 히스톤 단백질과 DNA가 결합된 뉴클레오솜이고 ㉢은 히스톤 단백질, ㉣은 이중 나선 구조를 가지고 있는 DNA로 DNA의 단위체인 뉴클레오타이드는 디옥시리보스당과 인산, 염기(A, G, C, T)로 구성되어 있다.
　① 유전자형이 Hh인 상동염색체이므로 H를 모계로부터 받았다고 가정했을 때 부계로부터는 h를 물려받았음을 알 수 있다.

3 생명현상의 특성 중 적응과 진화에 해당하는 그림이다.
　① '자극에 대한 반응'의 예이다.
　② '발생과 생장'에 대한 예이다.
　④ '물질대사'에 해당하는 예이다.

정답 및 해설　1.① 2.① 3.③

4 다음은 어떤 바이러스가 인체에 감염되어 발생하는 병과 관련한 약품 A를 제조하는 과정을 나타낸 것이다. 이에 대한 설명으로 옳은 것은?

> ㈎ 바이러스를 수집하고 선택하여 유정란에 넣어 배양한다.
> ㈏ 증식된 바이러스를 모아 농축하고 정제시킨다.
> ㈐ 바이러스의 단백질 껍질을 분쇄시킨다.
> ㈑ 바이러스의 특이 항원만 순수 분리하여 약품 A로 사용한다.

① 약품 A에는 이 바이러스에 대한 항체가 들어 있다.
② 약품 A를 이용하여 현재 감염된 바이러스 질병을 치료할 수 있다.
③ 약품 A를 접종한 사람은 체내에 이 항원에 대한 기억 세포가 생성된다.
④ 약품 A는 이 바이러스 외의 다른 바이러스에 의한 감염을 예방할 수 있다.

5 생물의 물질대사를 나타낸 다음 사례 중 동화작용에 해당하는 것만을 모두 고르면?

> ㉠ 빛에너지를 흡수하여 이산화탄소와 물로부터 포도당이 합성된다.
> ㉡ 지방은 소화효소에 의해 지방산과 글리세롤로 분해된다.
> ㉢ 세포 호흡 과정에서 나온 에너지에 의해 ADP와 무기인산이 ATP로 합성된다.
> ㉣ 단백질이 에너지원으로 사용되면 이산화탄소, 물, 암모니아로 분해된다.

① ㉠, ㉡
② ㉠, ㉢
③ ㉡, ㉣
④ ㉢, ㉣

6 표는 건강한 사람에게서 관찰되는 혈장, 원뇨, 오줌의 성분을 나타낸 것으로 A~C는 각각 단백질, 요소, 아미노산 중 하나이다. 이에 대한 설명으로 옳은 것은?

성분	포도당(%)	A(%)	B(%)	C(%)
혈장	0.10	0.05	8.00	0.03
원뇨	0.10	0.05	0.00	0.03
오줌	0.00	0.00	0.00	2.00

① A는 세뇨관에서 모세혈관으로 재흡수 된다.
② B의 양은 사구체보다 세뇨관에서 더 많다.
③ C는 분자량이 커서 여과되지 못한다.
④ 포도당은 분자량이 커서 세뇨관에서 모세혈관으로 재흡수되지 못한다.

---

4 이 약품 A는 바이러스 특이 항원이 순수 분리되어 있는 것으로 예방접종(백신) 약품이라고 볼 수 있다. 약품 A가 체내로 처음 유입되었을 때 형질세포는 소량의 항체를 만들어 면역 작용에 관여하고, 기억세포가 생성되어 같은 항원이 재침입했을 때 기억세포가 빠르게 형질세포로 전환되어 다량의 항체를 신속하게 생산한다.
① 약품 A에는 이 바이러스 항원이 들어 있다.
② 백신은 병에 걸리기 전 예방 목적으로 쓰이므로 바이러스에 감염되었을 경우 치료 목적으로는 부적합하다.
④ 항원-항체 반응은 특이성이 있으므로 특정 항원은 특정 항체와만 반응해 약품 A는 이 바이러스에 대한 감염만 예방 가능하다.

5 동화 작용은 저분자 물질이 에너지를 흡수해 고분자 물질로 합성되며 흡열반응이 일어난다. 이화 작용은 고분자 물질이 에너지를 방출하며 저분자 물질로 분해되며 발열반응이 일어난다. ⓒ과 ⓔ은 이화작용에 해당한다.

6 혈장의 성분이 콩팥 겉질의 사구체의 높은 혈압에 의해 저분자 물질만 걸러지게 되는데 그 물질을 원뇨라고 하고, 원뇨는 세뇨관과 모세혈관 사이의 재흡수 및 분비 과정을 거쳐 오줌이 된다. A는 여과는 100% 되었지만 100% 재흡수 된 걸로 보아 아미노산이라고 볼 수 있다. B는 여과 자체가 안 되는 크기가 큰 분자로, 단백질이나 혈구라고 볼 수 있다. C는 오줌에서 농도가 진해지므로 요소라고 볼 수 있다.
② B는 사구체에서 보먼주머니로 통과하지 못하므로 세뇨관에서는 관찰되지 않는다.
③ C는 원뇨에도 존재하므로 여과가능하다.
④ 포도당은 분자량이 작고 세뇨관에서 모세혈관으로 100% 재흡수 된다.

정답 및 해설 4.③ 5.② 6.①

7 그림 (가)는 사람 눈의 동공 크기를 조절하는 자율신경 A와 B를, (나)는 A와 B 중 한 신경의 활동 전위 발생 빈도가 증가할 때 시간에 따른 동공 크기를 나타낸 것이다. 이에 대한 설명으로 옳은 것은?

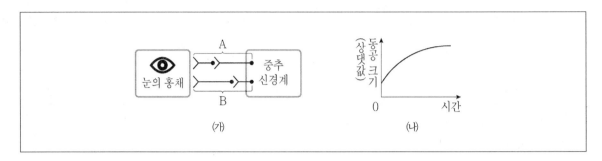

① A는 중추 신경계에 속한다.

② (나) 반응의 중추는 대뇌이다.

③ B의 신경절 이후 축삭돌기 말단에서 아세틸콜린이 분비된다.

④ (나)는 B에서 활동 전위 발생 빈도가 증가할 때 나타난 변화이다.

8 그림은 어떤 식물 군집에 불이 난 후의 천이 과정에서 측정된 총생산량과 호흡량의 변화를 나타낸 것으로 A와 B는 각각 총생산량과 호흡량 중 하나이다. 이에 대한 설명으로 옳은 것은?

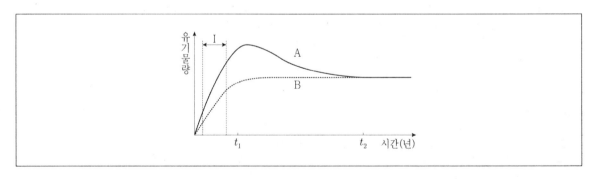

① 불이 난 후의 천이 과정에서 개척자는 지의류이다.

② A는 호흡량이다.

③ I 구간에서 순생산량은 점차 증가한다.

④ 지표면에 도달하는 빛의 세기는 t_1일 때가 t_2일 때보다 더 약하다.

9 다음 분꽃 꽃잎 색깔의 유전을 알아보기 위한 실험에 대한 설명으로 옳은 것은? (단, 돌연변이와 교차는 고려하지 않는다)

- 붉은색 분꽃과 흰색 분꽃은 모두 순종이다.
- 붉은색 분꽃과 흰색 분꽃을 교배하여 잡종 1대(F_1)를 얻었더니 모두 분홍색 분꽃의 개체만 나왔다.
- F_1을 자가 수분하여 잡종 2대(F_2)를 얻었다.

---

① 복대립 유전에 해당한다.
② 붉은색 꽃 형질은 흰색 꽃 형질에 대해 우성이다.
③ F_2에서 붉은색 분꽃 : 흰색 분꽃 = 3 : 1이다.
④ F_2에서는 표현형의 분리비와 유전자형의 분리비가 같게 나타난다.

---

7 A는 절전 뉴런이 길고 절후 뉴런이 짧은 부교감신경이고, B는 교감신경이다. 동공 크기가 커지는 것은 교감 신경에 의한 작용이므로 B에서 활동 전위 발생 빈도 증가 시 나타나는 변화이다.
① 교감, 부교감 신경은 말초 신경계에 속한다.
② 동공 크기를 조절하는 중추는 중(간)뇌이다.
③ B의 신경절 이후 축삭돌기 말단에서는 에피네프린(노르에피네프린)이 분비되며 A의 절전신경 말단과 절후 신경 말단, B의 절전신경 말단에서는 모두 아세틸콜린이 분비된다.

8 불이 난 후 일어나는 2차 천이 과정으로 Ⅰ구간에서는 광합성량이 활발해 순생산량이 증가한다.
① 2차 천이에서 개척자는 초본이다.
② A는 총생산량이다. 총생산량은 호흡량과 순생산량을 더한 것으로 호흡량이 총생산량보다 값이 더 클 수 없다.
④ t_1일 때보다 t_2일 때 현존량이 많아져 지표로 도달하는 빛의 세기는 약해진다.

9 중간유전 결과 F_2에서 표현형의 분리비와 유전자형의 분리비는 같다.
① 대립유전자간 우열 관계가 불분명한 중간유전이다.
② 붉은 꽃 형질과 흰색 꽃 형질의 우열 관계는 불분명하다.
③ F_2에서 붉은색 : 분홍색 : 흰색 = 1 : 2 : 1이다.

정답 및 해설 7.④ 8.③ 9.④

10 다음 효모를 이용한 실험에 대한 설명으로 옳지 않은 것은?

〈과정〉

(가) 발효관 A~C에 각각의 용액을 표와 같이 넣는다.

맹관부
솜마개

발효관	용액
A	10% 포도당 용액 20mL + 효모액 15mL
B	10% 설탕 용액 20mL + 효모액 15mL
C	증류수 20mL + 효모액 15mL

(나) 각 발효관의 입구를 솜으로 막은 후 2시간 후에 맹관부에 모인 기체의 부피를 측정한다.

〈결과〉

구분	A	B	C
기체의 부피	+ + + +	+ +	없음

(+가 많을수록 기체 발생량이 많음)

① 맹관부에 모인 기체는 CO_2이다.

② 이 실험의 종속변인은 맹관부에 모인 기체의 부피이다.

③ 실험 종료 후 발효관에 수산화칼륨(KOH) 수용액을 넣으면 맹관부에 모인 기체의 부피가 증가한다.

④ 효모는 산소가 공급되지 않으면 무기 호흡을 한다.

11 표는 어떤 식물 종에서 유전자형이 AaBb인 개체 P1과 P2를 각각 검정 교배하여 얻은 자손(F1)의 표현형에 따른 개체수를 나타낸 것으로 A는 a, B는 b와 각각 대립 유전자이며 완전 우성이다. 이에 대한 설명으로 옳은 것은? (단, 돌연변이와 교차는 고려하지 않는다)

구분	자손(F_1)의 표현형			
	A_B_	A_bb	aaB_	aabb
P1 검정 교배	0	100	100	0
P2 검정 교배	100	0	0	100

① P1에서 A와 B는 같은 염색체에 위치한다.
② P2에서 유전자형 aB를 가지는 생식 세포가 만들어진다.
③ P1을 자가 교배하면 자손(F_1)의 표현형의 비는 A_B_ : A_bb : aaB_ : aabb = 1 : 1 : 1 : 1이다.
④ P2를 자가 교배하면 자손(F_1)의 표현형의 비는 A_B_ : A_bb : aaB_ : aabb = 3 : 0 : 0 : 1이다.

---

10 효모의 무산소 호흡을 확인하는 실험으로, 무산소 호흡 후에 이산화탄소 기체가 발생한다. 발생한 이산화탄소 기체 양을 통해 효모의 무산소 호흡이 얼마나 활발한지 비교가능하다.
③ 수산화칼륨 수용액은 이산화탄소를 흡수해 제거하므로 이 용액을 넣으면 맹관부에 모인 기체 부피가 감소한다.

11 검정교배는 열성 순종 개체와 교배시키는 것으로, 생식세포 유전자형을 알 수 있다. P1은 상반연관으로 Ab, aB가 연관되어 있고 P2는 상인연관으로 AB와 ab가 연관되어 있다. P2를 자가교배하면 자손의 표현형의 비는 A_B_ : A_bb : aaB_ : aabb = 2 : 1 : 1 : 0이 나온다.
① P1에서는 A와 b가 같은 염색체에 위치한다.
② P2에서는 aB를 가지는 생식세포는 형성할 수 없다.
③ P1을 자가교배하면 자손의 표현형의 비는 A_B_ : A_bb : aaB_ : aabb = 3 : 0 : 0 : 1로 나온다.

12 그림은 생태계를 구성하는 요소 사이의 상호 관계를 나타낸 것이다. 이에 대한 설명으로 옳지 않은 것은?

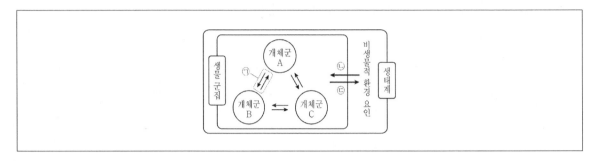

① 기러기가 집단으로 이동할 때 한 마리의 리더를 따라 이동하는 현상은 ㉠이다.

② 일조 시간이 식물의 개화에 영향을 미치는 현상은 ㉡이다.

③ 지렁이가 토양 속에 틈을 만들어 통기성을 증가시키는 현상은 ㉢이다.

④ 온도는 비생물적 환경 요인이고, 분해자는 생물적 요인이다.

13 그림 (가)와 (나)는 담배 모자이크 바이러스와 메뚜기를 각각 나타낸 것이다. 이에 대한 설명으로 옳은 것은?

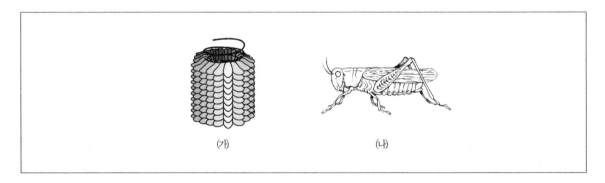

(가)   (나)

① (가)는 스스로 물질대사를 할 수 있다.

② (가)는 미토콘드리아와 같은 세포소기관을 가진다.

③ (나)는 DNA와 단백질로만 이루어진 간단한 형태이다.

④ (가)와 (나)는 모두 유전 물질로 핵산을 가지고 있다.

14 그림은 뇌하수체에서 분비되는 항이뇨 호르몬(ADH)과 갑상샘 자극 호르몬(TSH)의 작용을 나타낸 것으로 A와 B는 각각 뇌하수체 전엽과 뇌하수체 후엽 중 하나이다. 이에 대한 설명으로 옳은 것은?

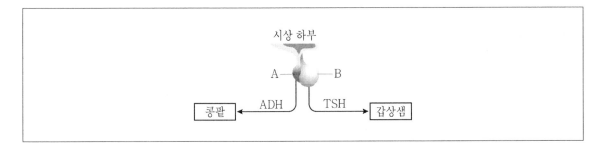

① A는 뇌하수체 전엽이다.

② ADH는 콩팥에 작용하여 수분의 재흡수를 촉진한다.

③ TSH의 분비량이 증가하면 티록신의 분비가 억제된다.

④ ADH와 TSH는 별도의 분비관을 갖는 외분비샘에서 분비된다.

---

12 ㉠은 상호 작용, ㉡은 작용, ㉢은 반작용이다. 기러기의 리더제는 같은 종 내 상호작용에 해당하므로 ㉠에 속하지 않는다.

13 (가)는 바이러스로, 단백질과 핵산으로만 구성되어 있고 스스로 물질대사를 하지 못해 숙주 내 활물기생하며 살아간다. 또한 세포 구조를 갖지 않고 세포 소기관도 가지지 않는다. (나)는 동물계에 속하며 세포 구조를 가지고 세포 소기관도 가지며 복잡한 구조를 가진다. (가)와 (나)는 모두 핵산을 유전물질로 가진다.

14 A는 ADH를 분비하는 것으로 보아 뇌하수체 후엽이고, B는 뇌하수체 전엽이다.
③ TSH는 갑상샘을 자극시키는 호르몬으로 TSH 분비량이 증가하면 티록신 분비도 증가한다.
④ ADH와 TSH는 모두 내분비샘에서 생성 및 분비된다.

정답 및 해설 12.① 13.④ 14.②

15 그림은 개체군의 생장 곡선을 나타낸 것으로 A와 B는 각각 '이론적 생장 곡선'과 '실제 생장 곡선'이다. 이에 대한 설명으로 옳은 것은?

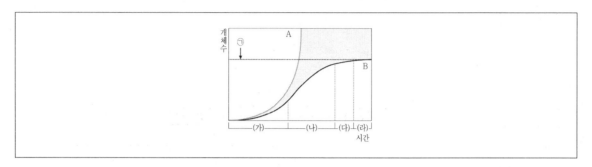

① ㉠은 개체군의 생장을 억제하는 요인인 환경 저항을 나타낸다.
② 실제 생장 곡선에서 (가)구간일 때보다 (나)구간일 때 개체 간의 경쟁이 더 심하다.
③ 이론적 생장 곡선에서 (나)구간의 단위 시간당 개체 수 증가율은 0이다.
④ 실제 생장 곡선의 경우 (라)구간에서는 환경 저항이 작용하지 않는다.

16 표는 승호네 가족에서 어떤 유전 질환의 발현에 관여하는 대립유전자 A와 A'의 DNA 상대량을 나타낸 것이다. 이에 대한 설명으로 옳은 것만을 모두 고르면? (단, 승호는 남자이고, 돌연변이와 교차는 고려하지 않는다)

구성원	DNA 상대량	
	A	A'
아버지	ⓐ	1
어머니	ⓑ	ⓒ
누나	1	1
형	1	0
승호	ⓓ	1

㉠ ⓐ + ⓑ = ⓒ + ⓓ이다.
㉡ A는 성염색체 X에 존재한다.
㉢ 만약 승호의 동생이 태어난다면, 동생과 어머니의 유전자형이 같을 확률은 $\frac{1}{2}$이다.

① ㉠, ㉡
② ㉠, ㉢
③ ㉡, ㉢
④ ㉠, ㉡, ㉢

17 그래프는 어떤 신경 세포에 역치 이상의 자극을 주었을 때 막전위 변화를 나타낸 것이다. 이에 대한 설명으로 옳은 것은?

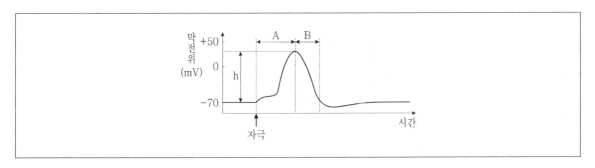

① A구간에서는 K^+통로를 통해 K^+이 세포 내로 유입된다.
② B구간에서는 막을 통한 이온의 이동이 없다.
③ 이 자극보다 세기가 더 큰 자극을 주면 h값이 커진다.
④ 휴지막 전위는 −70mV이다.

---

15 개체군의 생장 곡선에서 J자형은 '이론상 생장곡선'으로, 시간이 지날수록 개체수가 급증하는 형태를 띠고 있고, S자형은 '실제 생장곡선'이다. 실제 생장 곡선에서는 개체수가 증가하다가 일정해지는데 그것에 영향을 미치는 것으로는 환경저항이 있다.
① ㉠은 환경 수용력으로 환경이 수용할 수 있는 범위이다.
③ 이론적 생장 곡선에서 (나)구간의 단위시간당 개체 수 증가율은 점점 감소하지만 0은 아니다.
④ 실제 생장 곡선의 경우 (라)구간에서도 환경 저항은 작용한다.

16 A와 A'의 합이 성별에 따라 다르므로 X 염색체상에 유전자가 있음을 알 수 있다. 형과 승호가 각각 A와 A'을 하나씩 가지므로 어머니는 AA'의 유전자형을 가짐을 알 수 있다. 아버지는 남자이므로 A와 A'의 합이 1이 되어야 하므로 A 유전자를 가지지 않는다. 즉 ⓐ = 0, ⓑ = 1, ⓒ = 1, ⓓ = 0이다.
ⓒ [×] $X^A Y \times X^A X^{A'} \rightarrow X^A X^{A'}$, $X^A X^{A'}$, $X^A Y$, $X^{A'} Y$이므로 동생과 어머니의 유전자형이 같을 확률은 $\frac{1}{4}$이다.

17 ① A구간은 탈분극이 진행되는 구간으로 Na^+ 통로를 통해 Na^+이 세포 내로 유입된다.
② B구간에서는 K^+ 통로를 통해 K^+이 세포 밖으로 유출된다.
③ 자극이 더 커져도 활동전위 값은 그대로이고 활동 전위 빈도만 증가한다.

정답 및 해설 15.② 16.① 17.④

18 다음은 두 집안의 색맹 유전을 나타낸 가계도이다. 이에 대한 설명으로 옳지 않은 것은? (단, 돌연변이와 교차는 고려하지 않는다)

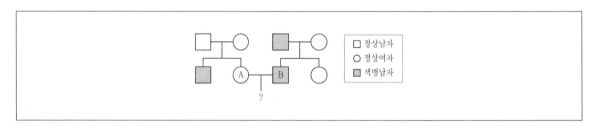

① A의 어머니는 보인자이다.

② 색맹은 정상에 대해 열성이다.

③ B의 색맹 유전자는 아버지로부터 물려받은 것이다.

④ A와 B 사이에서 색맹인 자손이 태어날 확률은 $\frac{1}{4}$이다.

19 다음 완두의 꽃 색깔 유전 현상에 대한 설명으로 옳은 것은? (단, 돌연변이와 교차는 고려하지 않는다)

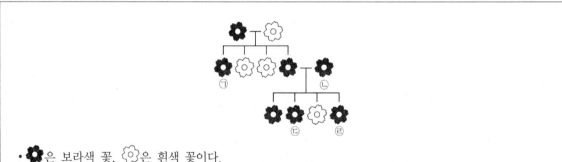

- 💮은 보라색 꽃, ⚘은 흰색 꽃이다.
- 꽃 색은 한 쌍의 대립 유전자 T와 t에 의해 결정된다.
- 대립 유전자 T는 t에 대해 완전 우성이다.
- ㉣의 자손은 모두 보라색 꽃만 나타낸다.

① 대립 유전자 T는 흰색 표현형을 나타낸다.

② ㉠과 ㉡의 유전자형은 같다.

③ ㉢의 유전자형이 이형접합일 확률은 $\frac{1}{4}$이다.

④ ㉣을 검정 교배할 시 태어나는 자손들의 유전자형은 모두 동형접합이다.

20 그림 (가)는 어떤 동물의 세포 주기를, (나)는 이 동물의 난자와 그 안에 들어 있는 염색체를 나타낸 것으로 M_1기와 M_2기는 각각 감수 1분열과 감수 2분열이다. 이에 대한 설명으로 옳은 것은? (단, 돌연변이는 고려하지 않는다)

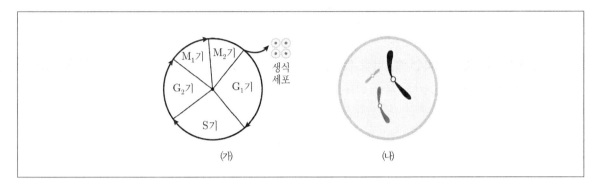

① (나)는 M_1기의 세포이다.

② M_2기에 2가 염색체가 관찰된다.

③ 이 동물의 체세포에는 6개의 염색체가 있다.

④ G_1기 세포의 핵 1개당 DNA양은 (나)의 DNA양의 4배이다.

---

18 A의 오빠가 색맹이므로 A의 어머니는 보인자이다. 또한 A의 부모는 정상이지만 색맹 아들이 태어났으므로 색맹은 열성 유전이라는 것을 알 수 있다. A와 B 사이에서 색맹인 자손이 태어날 확률은 $\frac{1}{2}$이다.

③ B의 색맹 유전자는 X염색체 위에 있으므로 어머니로부터 물려받았다.

19 보라색 꽃끼리 교배했을 때 흰색 꽃이 나오는 것으로 보아 흰색 유전자가 열성임을 알 수 있다. 즉 T는 보라색, t는 흰색 유전자이다. ㉣의 자손은 모두 보라색 꽃만 나타나는 것으로 보아 ㉣은 동형 접합인 TT이다.
① T는 보라색 표현형을 나타낸다.

③ ㉢의 유전자형이 이형접합일 확률은 $\frac{1}{2}$이다.

④ ㉣은 TT이므로 검정교배 시 자손은 모두 Tt로 모두 이형접합이다.

20 (나)의 핵상이 n = 3이므로 이 동물의 체세포(2n)에는 6개의 염색체가 있다.
① (나)는 감수 2분열이 끝난 상태의 세포이다.
② 2가 염색체는 M_1기에 관찰된다.
④ G_1기 세포의 핵 1개당 DNA양은 복제되기 전이므로 (나)의 2배이다.

정답 및 해설 18.③ 19.② 20.③

1 세포 표면의 막관통 수용체인 G단백질 결합수용체(GPCR)와 상호작용하여 활성화된 G단백질의 2차 신호
전달자(second messenger)로 옳은 것을 〈보기〉에서 모두 고른 것은?

〈보기〉

㉠ P_{fr} ㉢ DAG
㉡ GTP   ㉣ cAMP

① ㉠, ㉢   ② ㉠, ㉡
③ ㉢, ㉡   ④ ㉢, ㉣

2 〈보기〉는 기질의 농도에 따른 효소의 반응 속도 그래프이다. 이를 설명할 수 있는 것으로 가장 옳은 것은?

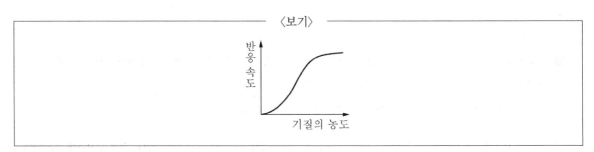

① 활성화 에너지 장벽(activation energy barrier)
② 되먹임 조절(feedback regulation)
③ 경쟁적 억제(competitive inhibition)
④ 다른자리 입체성 조절(allosteric regulation)

3 어떤 단백질의 아미노산 조성을 조사하였더니 특정 부위에 알라닌(Ala), 발린(Val), 류신(Leu), 이소류신(Ile), 프롤린(Pro)이 풍부하였다. 이 부위에서 예상되는 특징으로 가장 옳은 것은?

① 이 부위는 단백질의 아미노 말단에 위치할 것이다.

② 이 부위의 아미노산들 때문에 단백질은 친수성일 것이다.

③ 이 부위는 다른 단백질과 결합하는 부위일 것이다.

④ 이 부위는 수용액에서 전체 단백질 구조의 안쪽에 위치할 것이다.

---

1 2차 신호전달자는 세포가 외부에서 신호 수용 시 내부로 신호를 전달 및 증폭하기 위해 만드는 작은 물질이다. 대표적인 예로 cAMP, cGMP, Ca^{2+}, DAG, IP_3가 있다.

2 효소의 활성 부위가 아닌 비활성 부위에 작용해 반응을 억제시키는 물질을 다른 자리성 저해제라고 한다. 알로스테릭 또는 협동결합은 하나 이상의 기질결합부위를 가지고 있는 효소가, 기질이 효소와 결합 시 다른 기질 분자의 결합을 촉진하는 현상으로 조절효소(regulatory enzyme)가 이 현상을 따른다.

속도식 $v = \dfrac{d[S]}{dt} = \dfrac{V_m[S]^n}{k''_m + [S]^n}$ 이고 n > 1은 양성협동상태를 나타낸다.

알로스테릭 효소의 협동 계수는 $\ln\dfrac{v}{V_m-v} = n\ln[S] - \ln K''m$이고 그래프는 $\ln\dfrac{v}{V_m-v}$ 과 $\ln[S]$를 도식화한 것이다.

3 제시된 아미노산들은 모두 non-polar(hydrophobic)(비극성(소수성))으로 물과 친화도가 떨어져 전체 단백질 구조의 안쪽에 위치할 것이다.

청답 및 해설 1.④ 2.④ 3.④

4 생명체는 다양한 원소로 이루어져 있으며, 이 중에서 탄소(C), 수소(H), 산소(O), 질소(N)는 생명체의 95% 이상을 차지한다. 이 4가지 원소들을 인간의 체중에서 차지하는 비율이 높은 순서대로 바르게 나열한 것은?

① O > C > H > N

② C > H > O > N

③ H > C > O > N

④ N > O > C > H

5 부모 중 어느 쪽으로부터 대립유전자를 받았는가에 따라 표현형이 달라지는 현상은?

① 불완전 우성(incomplete dominance)

② 비분리(nondisjunction)

③ 상위(epistasis)

④ 유전체 각인(genomic imprinting)

6 〈보기 1〉은 사람면역결핍바이러스(HIV)의 모식도이다. 〈보기 2〉에서 옳은 것을 모두 고른 것은?

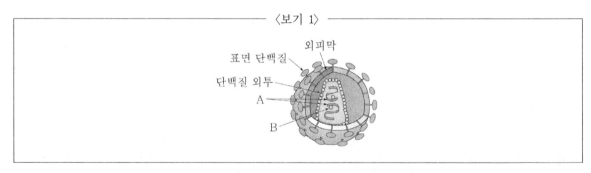

────── 〈보기 1〉 ──────

표면 단백질
외피막
단백질 외투
A
RNA
B

────── 〈보기 2〉 ──────

㉠ A는 RNA이다.
㉡ B는 숙주세포에 침투 시 필요한 단백질분해효소이다.
㉢ HIV는 주로 CD8 T세포를 감염시켜 면역력을 약화시킨다.
㉣ HIV는 아데노바이러스에 속한다.

① ㉠

② ㉠, ㉡

③ ㉠, ㉢

④ ㉠, ㉣

7 사성잡종 교배에서 F$_1$ 개체의 유전자형은 AaBbCcDd이다. 이 4종류의 유전자가 각각 독립적으로 분리된다고 가정하고 F$_1$ 개체를 자가수분 시켰을 때, F$_2$ 개체가 AaBBccDd의 유전자형을 가질 확률은?

① 1/4

② 1/16

③ 1/64

④ 1/256

---

4 생명체에는 산소 65%, 탄소 18%, 수소 10%, 질소 3%, 칼슘 2% 기타 등등으로 구성되어 있다.

5 유전체 각인이란 일종의 표식을 남기는 행위로 유전자 기원이 아버지 또는 어머니 중 누구로부터 온 것인지를 methylation을 통해서 표지하는 것이다. 특정 유전자에서는 부계 또는 모계로부터 유전된 유전자만 발현이 되도록 조절하는 것으로 알려져 있으며 일반적인 유전자 발현은 부모로부터 온 두 쌍의 유전자가 모두 발현되는 것이지만 몇몇 특정 유전자에서는 그 발현 패턴이 이러한 유전체 각인을 통해 일어난다.

6 HIV는 RNA바이러스로 주로 헬퍼T세포(T세포의 CD4$^+$부위), 대식세포, 수지상 세포등의 살아있는 면역 세포들을 감염시킨다. CD8세포독성 림프구가 감염된 CD4$^+$T 세포를 인지하여 파괴하면 CD4$^+$T세포수가 급감하여 세포매개성 면역이 상실되어 기회감염에 쉽게 노출된다. 아데노바이러스는 감기를 유발하는 바이러스로 HIV와는 관계가 없다. A는 RNA이고 B는 역전사 효소(reverse transcriptase)이다.

7 모든 대립 유전자가 독립적으로 유전되므로 각 대립 유전자를 분리해 생각하면 된다. Aa×Aa→AA, 2Aa, aa이므로 Aa는 $\frac{1}{2}$확률을 가지고 있다. B, C, D유전자도 같은 방법으로 해 보면 BB를 가질 확률은 $\frac{1}{4}$, cc를 가질 확률도 $\frac{1}{4}$, Dd를 가질 확률은 $\frac{1}{2}$이므로 각각의 경우의 수를 곱해보면 $\frac{1}{64}$이다.

8 생거기법(Sanger)을 통한 DNA 염기서열분석에 필요한 요소를 〈보기〉에서 모두 고른 것은?

─────────── 〈보기〉 ───────────

㉠ 프라이머(primer)   ㉡ dNTP
㉢ ddNTP   ㉣ DNA 연결효소(DNA ligase)

① ㉠, ㉡, ㉢   ② ㉠, ㉡, ㉣
③ ㉡, ㉢, ㉣   ④ ㉠, ㉡, ㉢, ㉣

9 진핵세포의 mRNA는 전구체 형태로 만들어져 세포질로 나가기 전에 가공(processing) 과정을 거쳐 변형된다. 진핵세포의 RNA 가공(processing) 과정에 해당하는 것을 〈보기〉에서 모두 고른 것은?

─────────── 〈보기〉 ───────────

㉠ 인트론 제거
㉡ 5′ 캡(5′ cap) 형성
㉢ 폴리 A 꼬리(poly A tail) 형성
㉣ 엑손 뒤섞기(exon shuffling)

① ㉠, ㉣   ② ㉡, ㉢
③ ㉠, ㉡, ㉢   ④ ㉠, ㉡, ㉢, ㉣

10 레트로트랜스포존(retrotransposon)에 대한 설명으로 가장 옳지 않은 것은?

① 진핵생물에서 발견된다.
② 단일 가닥의 RNA 중간산물을 생성한다.
③ 유전체에 RNA로 삽입된다.
④ 역전사효소를 사용한다.

11 근육이 수축하는 데 필요로 하는 ATP를 충족시키는 방법으로 가장 옳지 않은 것은?

① 운동 중 근육 내 젖산 발효에 의해 ATP를 생성한다.
② 적색섬유에 풍부한 미토콘드리아에서 주로 혐기성 호흡에 의해 ATP가 생성된다.
③ 가벼운 운동을 지속하는 동안 대부분의 ATP는 호기성 호흡에 의해 생성된다.
④ 인산염을 ADP로 이동시켜 ATP를 형성할 수 있는 화합물인 크레아틴 인산을 이용한다.

---

8 생거기법에는 우선 DNA합성에 쓰이는 재료로 dNTP가 사용된다. dNTP는 디옥시리보스와 삼인산기, 그리고 4종류의 염기로 이루어진 분자 구조로 되어 있으며 ddNTP는 5번탄소가 인산기와 반응하는 것이 불가능하므로 DNA 중합 효소가 ddNTP를 만나게 된다면 더 이상 합성이 불가능해진다. 따라서 ddNTP는 DNA합성을 순간순간 멈추기 위한 물질이다. 또한 프라이머는 초기에 필요하다.
　ⓔ DNA 연결효소는 DNA 복제나 수선, 재조합 등에서 사슬을 연결시키는 반응을 할 때 필요하므로 생거기법에서는 필요하지 않다.

9 인트론을 제거하고 5′ cap 형성 후 poly A tail을 형성하는 과정으로 일어난다. 이렇게 되면 인트론은 제거되고 엑손끼리 연결되는 스플라이싱 과정이 완료된다. 이 과정을 거쳐야만 성숙한 mRNA가 생성되어 번역에 이용된다.
　ⓔ 엑손 뒤섞기는 유전자 재조합을 의미하므로 유전적 다양성을 가진다.

10 트렌스포존이란 genome 내에서 위치를 이동할 수 있는 유전자로 진핵생물의 염기서열 중 많은 비암호화 염기서열이 유전자 발현조절에 포함되어 있다. 레트로트렌스포존이란 트렌스포존 돌연변이에 속하며 RNA를 매개체로 유전체 내에서 이동하는 전위인자이다. 레트로트렌스포존은 양쪽에 긴 말단반복서열이 존재하고 역전사를 통해 증식한다. mRNA로 전사된 후에 자신이 암호화하고 있는 역전사효소를 이용해 새로운 dsDNA조각을 만든 후 유전체의 다른 위치에 삽입된다. 따라서 진핵생물에서 발견되며, 단일가닥의 RNA 중간산물을 만들며 역전사효소를 사용한다.

11 ② 적색근은 호기성 대사에 관여하므로 미토콘드리아의 비중이 높다.

정답 및 해설 8.① 9.③ 10.③ 11.②

12 수정(fertilization)에 대한 설명으로 가장 옳지 않은 것은?

① 정자와 난자의 융합은 난자에 중요한 물질대사의 활성화를 불러온다. 여기에는 세포주기의 재개, 이후의 유사분열 그리고 DNA와 단백질의 합성 재개가 포함된다.

② 난자에서 분비되는 종 특이적 분자는 수정 능력을 가진 정자를 유인한다. 성게의 주화성 분자인 리색트와 스퍼렉트는 정자의 운동성을 증가시킬 수 있다.

③ 다수정의 느린 차단은 나트륨이온(Na^+)에 의한 것으로 이 나트륨이온(Na^+)은 후에 단백질 키나제 C를 활성화시켜서 유사분열 세포주기를 재개한다.

④ 다수정은 2개 혹은 그 이상의 정자가 1개의 난자와 수정하는 경우이다. 이로 인하여 할구의 염색체 수가 달라지기 때문에 치명적이다.

13 뇌의 각 부위에 대한 설명 중 옳은 것을 〈보기〉에서 모두 고른 것은?

─── 〈보기〉 ───

㉠ 시상은 대뇌변연계에 감정 신호를 전달한다.
㉡ 시상하부는 호르몬 분비와 일주기 리듬에 관여한다.
㉢ 해마는 단기기억을 장기기억으로 바꾸는 데 관여한다.
㉣ 기저핵은 후각수용체로부터 오는 입력을 대뇌피질로 보낸다.

① ㉠, ㉡   ② ㉠, ㉢

③ ㉡, ㉢   ④ ㉡, ㉣

14 〈보기 1〉은 여성의 자궁주기에 따른 호르몬 변화에 관한 그래프이다. 〈보기 2〉에서 옳은 설명을 모두 고른 것은?

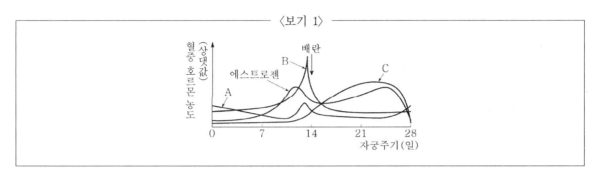

─── 〈보기 2〉 ───

㉠ 혈중 뇌하수체 호르몬은 A와 C이다.
㉡ B는 황체에서, 에스트로젠과 C의 분비를 촉진한다.
㉢ C는 에스트로젠과 함께 자궁내막을 두껍게 만든다.
㉣ 대부분의 임신 테스트기는 C의 존재 유무를 확인하는 것이다.

① ㉠, ㉡   ② ㉠, ㉢
③ ㉡, ㉢   ④ ㉡, ㉣

---

12 ③ 다수정의 빠른 차단을 하는 방법은 성게는 탈분극에 의해 일어나고 포유류는 탈분극에 의한 빠른 차단이 일어나지 않는다. 느린 차단의 방법에 성게는 피질과립반응에 의한 수정막 형성이 되고 포유류는 피질과립반응에 의해 투명대 변형이 일어나고 수정막은 형성되지 않는다. 즉 나트륨이온이 관여하는 것은 성게 다수정 빠른 차단에서만 일어난다.

13 ㉡㉢ 시상하부는 호르몬 분비에 관여하며 해마는 장기기억 형성, 공간 지각을 위해 필요한 조직이다.
㉠ 시상은 후각을 제외한 자극을 대뇌 피질로 전달시켜준다.
㉣ 기저핵은 대뇌반구의 중심부에 자리잡은 큰 핵의 집단이다. 이는 운동통제와 관계가 있다.

14 A와 B는 생식샘 자극호르몬으로 뇌하수체 호르몬에 속한다. B가 분비되면 황체에서 에스트로젠과 프로게스테론 분비를 촉진한다. 이 호르몬에 의해 배란이 촉진되고, 남은 황체에서 C 호르몬을 분비하는데 이 호르몬과 에스트로젠이 함께 자궁 내막을 두껍게 만든다. C 호르몬은 프로게스테론이다. 일반적인 임신 테스트기는 베타 인간융모성 생식샘자극호르몬(beta human chorionic gonadotropin, hCG)을 검출하는 방법을 이용한다.

정답 및 해설 12.③ 13.③ 14.③

15 〈보기〉는 사람의 위에서의 소화과정에서 나타나는 현상이다. 이를 순서에 맞게 배열했을 때 세 번째 단계에 해당하는 것은?

〈보기〉

ㄱ 위샘의 세포에서 수소이온(H⁺)을 분비한다.
ㄴ 펩신이 펩시노겐을 활성화한다.
ㄷ 염산이 펩시노겐을 활성화한다.
ㄹ 부분적으로 소화된 음식이 소장으로 이동한다.

---

① ㄱ
② ㄴ
③ ㄷ
④ ㄹ

16 목본식물이 2기 생장을 통하여 얻을 수 있는 결과로 가장 옳은 것은?

① 뿌리와 어린 싹을 신장시킨다.
② 줄기와 뿌리를 두껍게 한다.
③ 개화 시기를 조절할 수 있다.
④ 정단분열조직의 수가 늘어난다.

17 단일식물에 밤사이 짧은 섬광을 쪼여주었다. 〈보기〉의 1~5와 같이 적색광(R)과 근적외선(FR)에 노출시켰을 때, 개화 여부를 순서대로 바르게 나열한 것은? (단, 개화는 ○, 미개화는 ✕로 표시한다.)

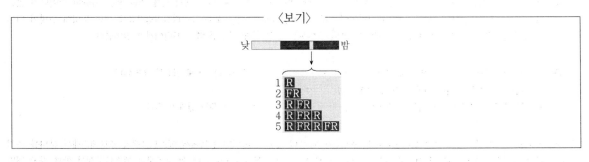

① ✕ ○ ○ ✕ ○
② ○ ✕ ○ ✕ ○
③ ○ ○ ✕ ✕ ✕
④ ✕ ✕ ○ ✕ ✕

18 조류의 배외막에 대한 설명 중 옳은 것을 〈보기〉에서 모두 고른 것은?

─────────〈보기〉─────────

　○ 요막은 융모막과 난황낭 사이 빈 공간의 대부분을 차지한다.
　○ 양막은 배의 가장 바깥쪽에 있는 것으로, 양막강을 형성한다.
　○ 난황낭은 중배엽과 내배엽에서 자란 세포들이 난황을 둘러싸는 막이다.
　○ 융모막은 외배엽과 중배엽에서 만들어지며 배의 가장 안쪽에 있는 막이다.

① ㉠, ㉡　　　　　　　　　　　　　② ㉠, ㉢

③ ㉡, ㉢　　　　　　　　　　　　　④ ㉡, ㉣

---

15 순서대로 나열하면 ㉠－㉢－㉡－㉣이다. 위샘의 주세포에서는 단백질 소화효소인 펩시노젠이 분비되고 부세포에서는 수소 이온이 포함된 염산이 분비되며 염산에 의해 펩시노젠이 펩신으로 활성화된다. 이렇게 단백질의 최초 소화과정이 일어나고 음식물이 소장으로 이동한다.

16 목본식물이란 나무를 뜻하는 것으로 목질화되는 식물이다. 1차 생장은 뿌리와 줄기 끝에 있는 생장점(growing point, meristem)이 자라는 것을 말하고 2차 생장은 물관부와 체관부 사이에 형성층을 만들고 표피 아래 코르크 형성층을 만드는 것을 뜻한다. 따라서 2차 생장이 일어나면 줄기와 뿌리가 두꺼워진다.

17 단일식물은 한계 암기시간이 길어야 꽃이 피는 식물이다. 적색광(R)이 지속적인 암기 중간에 작용할 경우 짧은 밤 두 개로 인지하기 때문에 개화하지 않는다. 근적외선(FR) 작용 후 적색광(R)이 작용할 경우 P_{fr}을 활성화시켜 개화되므로 2, 3, 5에 서는 개화하게 된다. 4번은 RFR 다음 R이 작용하므로 개화하지 않게 된다.

18 ㉠ 요막은 융모막과 난황낭 사이 빈 공간의 대부분을 차지하며 중배엽과 내배엽에서 만들어지며 가스 교환 및 대사 노폐물 의 저장과 배출을 담당한다.
　㉡ 양막은 배아를 싸고 있는 막으로 가장 안쪽에 있다. 중배엽과 외배엽에서 만들어지며 내부가 양수로 채워져 있어 배아의 충격을 완화하고 건조로부터 보호한다.
　㉢ 난황낭은 중배엽과 내배엽에서 만들어지며 배아에 양분을 공급한다.
　㉣ 융모막은 중배엽과 외배엽에서 만들어지며 배의 가장 바깥에 있는 막으로 바깥 환경과 기체 교환을 가능하게 한다.

정답 및 해설 15.② 16.② 17.① 18.②

19 각 생물체의 특성에 대한 설명으로 가장 옳지 않은 것은?

① 세균 – 핵이 있는 가장 다양하고 잘 알려진 단세포 생물집단

② 균류 – 외부의 물질을 분해하여 이 과정에서 방출되는 영양분을 흡수하는 단세포 또는 다세포 진핵생물집단

③ 고세균 – 세균보다 진핵생물과 밀접한 관련이 있는 단세포 생물집단

④ 원생생물 – 식물, 동물 또는 균류가 아닌 진핵생물집단

20 윤형동물의 특징으로 가장 옳은 것은?

① 등배로 납작하며 체절이 없다.

② 소화관을 가지고 있으며 머리에 섬모관이 있다.

③ 체절성의 체벽과 내부기관을 가지고 있다.

④ 등쪽에 속이 빈 신경삭이 있으며 항문 뒤에 근육질 꼬리를 가진다.

19 ① 세균은 핵막이 없는 원핵세포로 구성되어 있으므로 핵이 없는 단세포 생물의 집단이다.

20 ① 등배로 납작하며 체강이 없는 것은 편형 동물이다.
③ 체절성의 체벽과 내부기관을 가지는 것은 절지 동물이다.
④ 등쪽에 속이 빈 신경삭이 있으며 항문 뒤에 근육질 꼬리를 가지는 것은 척삭동물이다.

정답 및 해설 19.① 20.②

2019. 6. 13. 제1·2회 서울특별시 시행 ┃ 143

1 대장균과 박테리오파지의 공통점은?

① 세포 구조를 갖는다.

② 독립적으로 물질대사를 한다.

③ 비생물적 특성이 있다.

④ 유전 물질로 핵산을 갖는다.

2 다음에 해당하는 흰동가리와 말미잘 간의 상호 작용으로 가장 적절한 것은?

흰동가리는 말미잘의 촉수 사이로 헤엄쳐 다니면서 말미잘의 보호를 받고, 말미잘은 흰동가리의 먹이 일부를 먹고, 촉수 사이의 찌꺼기와 병든 촉수 제거에 흰동가리의 도움을 받는다.

① 기생

② 상리 공생

③ 편리 공생

④ 포식과 피식

3 그림은 뉴런 구조를 나타낸 것으로, A와 B는 각각 랑비에 결절과 말이집 중 하나이다. 이에 대한 설명으로 옳은 것만을 모두 고르면?

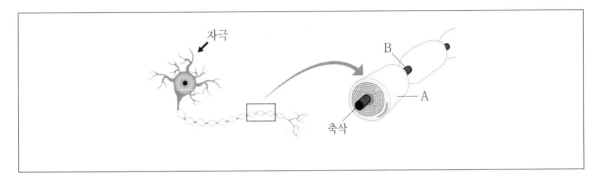

㉠ A는 절연체 역할을 한다.
㉡ B는 랑비에 결절이다.
㉢ A가 있는 뉴런은 A가 없는 뉴런에 비해 흥분의 이동 속도가 느리다.

① ㉠, ㉡

② ㉠, ㉢

③ ㉡, ㉢

④ ㉠, ㉡, ㉢

---

1 대장균은 원핵생물인 세균으로 단세포 생물, 원핵 세포를 가지며, 막성 세포소기관과 핵막이 없다는 특징이 있다. 독립적인 물질대사는 가능하며 핵산을 가진다.
박테리오 파지는 바이러스로 세포 구조를 갖지 않고 숙주 세포 내에서 활물기생해 살아가므로 독립적으로 물질대사를 할 수 없다. 또한 숙주 밖에서는 단백질 결정체로 존재하므로 비생물적 특징을 가지며 유전 물질로 핵산을 가진다.

2 흰동가리와 말미잘은 서로에게 유익한 영향을 미치므로 상리공생 관계이다.

3 A는 말이집으로 절연체 역할을 하고 B는 말이집 사이 축삭이 노출되어 있는 랑비에 결절로 자극의 전도가 일어나는 곳이다.
㉢ A가 있는 뉴런은 도약전도를 하므로 A가 없는 뉴런보다 흥분의 이동 속도가 빠르다.

정답 및 해설 1.④ 2.② 3.①

4 그림은 세포에서 일어나는 물질과 에너지 전환 과정의 일부를 나타낸 것으로, (가)와 (나)는 각각 광합성과 세포 호흡 중 하나이다. 이에 대한 설명으로 옳은 것은? (단, ⊙과 ⓒ은 각각 CO_2와 O_2 중 하나이다)

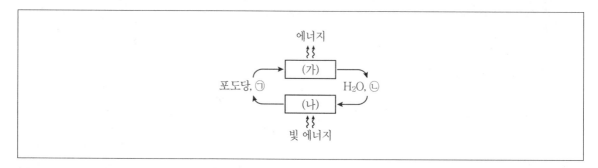

① ⊙은 CO_2이다.

② (가)에서 포도당의 에너지는 모두 ATP에 저장된다.

③ (나)는 미토콘드리아에서 일어난다.

④ (나)에서 빛 에너지가 화학 에너지로 전환된다.

5 그림은 재석이의 핵형을 나타낸 것으로, 21번 염색체 3개 중 2개는 어머니로부터 유래하였다. 이에 대한 설명으로 옳은 것은? (단, 염색체 수의 이상을 제외한 돌연변이는 없다)

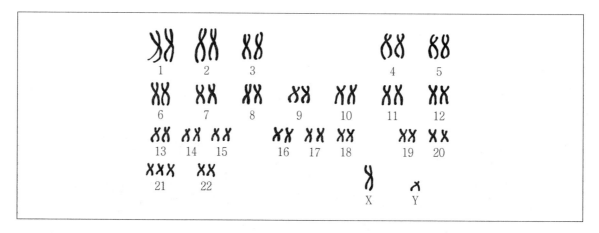

① 재석이는 터너증후군의 염색체 이상을 보인다.

② 재석이와 같은 염색체 이상은 남자에게만 나타난다.

③ 재석이의 핵형 분석 결과로 혈액형을 알 수 있다.

④ 염색체 비분리 현상이 일어난 난자와 정상 정자가 수정되어 재석이가 태어났다.

6 어떤 학생이 수행한 탐구 과정의 일부이다. 이에 대한 설명으로 옳은 것은?

[가설 설정]
파인애플즙에는 단백질을 분해하는 물질이 들어 있다.

[탐구 설계 및 수행]
표와 같이 실험을 구성하고, 일정한 시간이 지난 후 아미노산 검출 반응을 실시하였다.

구분	첨가물	온도
시험관 Ⅰ	파인애플즙 + 소고기	㉠
시험관 Ⅱ	증류수 + 소고기	25℃

① 조작 변인은 파인애플즙의 첨가 여부이다.

② 시험관 Ⅰ은 대조군이다.

③ 변인 통제를 위해 ㉠은 25℃보다 낮은 온도로 설정한다.

④ 시험관 Ⅰ에서 더 많은 아미노산이 검출되면 가설을 기각한다.

---

4 ㉠은 산소(O_2) ㉡은 이산화탄소(CO_2)이며 (가)는 미토콘드리아에서 일어나는 세포 호흡 과정이고, (나)는 엽록체에서 일어나는 광합성 과정이다. (가)에서 포도당의 에너지는 열에너지와 화학에너지(ATP)로 나뉘어 저장된다.

5 재석이는 어머니에게서 난자 형성 시 21번 염색체 비분리로 인한 염색체 수가 n+1인 수 이상이 일어난 난자를 물려받아 다운증후군이 있다.
① 터너증후군은 성염색체 비분리로 인한 병으로 성염색체로 X를 가진다.
② 다운증후군은 남녀 상관없이 나타난다.
③ 혈액형은 염색체 위에 있는 유전 정보로 핵형 분석을 통해 알 수 없다.

6 파인애플즙에 단백질을 분해하는 물질이 있을 것이라는 가설을 세우고 실험한 것이므로 파인애플즙의 유무는 조작 변인이 되고 파인애플즙이 없고 증류수가 있는 시험관Ⅱ가 대조군이 된다. 변인 통제를 위해 파인애플즙 첨가 여부를 제외하고 모든 조건은 동일하게 해줘야 하며 시험관 Ⅰ에서 더 많은 아미노산이 검출되었다는 것은 많은 단백질이 분해된 것을 뜻하므로 가설이 인정되는 것이다.

정답 및 해설 4.④ 5.④ 6.①

7 그림의 ㈎와 ㈏는 각각 어떤 개체군의 이론적 생장 곡선과 실제 생장 곡선을 나타낸 것이다. 이에 대한 설명으로 옳은 것만을 모두 고르면? (단, 이입과 이출은 없다)

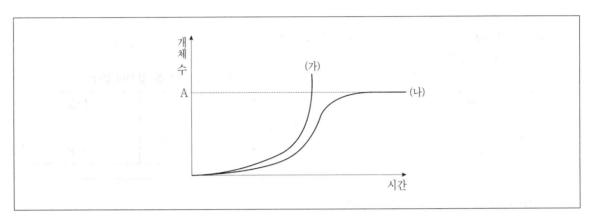

　　㉠ A는 환경 수용력이다.
　　㉡ ㈎는 실제 생장 곡선이다.
　　㉢ ㈏가 S자형을 나타내는 이유는 환경 저항 때문이다.

① ㉢　　　　　　　　　　　　　　② ㉠, ㉡
③ ㉠, ㉢　　　　　　　　　　　　④ ㉡, ㉢

8 그림은 사람의 몸에서 일어나는 기관계의 통합 작용을 나타낸 것으로, ㈎ ~ ㈐는 각각 배설계, 소화계, 순환계, 호흡계 중 하나이다. 이에 대한 설명으로 옳지 않은 것은?

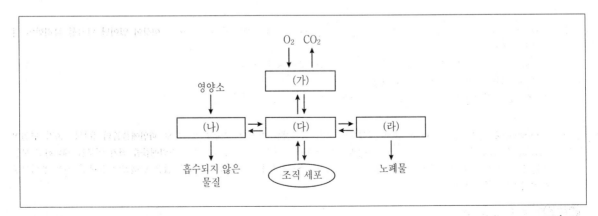

① 폐는 (가)에 속하는 기관이다.

② (나)에서 항이뇨 호르몬(ADH)이 분비된다.

③ 인슐린은 (다)를 통해 표적 세포로 운반된다.

④ (다)에서 (라)로 이동하는 물질에 요소가 포함된다.

9 (가)는 서로 다른 동물 ㉠과 ㉡의 체세포에 들어 있는 염색체 수와 핵상을, (나)는 이들 중 한 동물의 세포에 들어 있는 염색체를 나타낸 것이다. 동물 ㉠과 ㉡이 모두 성염색체 조합으로 XX를 가질 때, 이에 대한 설명으로 옳지 않은 것은? (단, 돌연변이는 고려하지 않는다)

	(가)		(나)
동물	염색체 수	핵상	
㉠	4	$2n$	
㉡	8	$2n$	

① (나)는 ㉡의 생식 세포이다.

② ㉠의 생식 세포 1개에 들어 있는 상염색체 수는 1이다.

③ ㉡의 감수 1분열 중기 세포 1개당 2가 염색체의 수는 4이다.

④ 체세포 1개당 $\dfrac{\text{상염색체 수}}{\text{성염색체 수}}$는 ㉡이 ㉠의 2배이다.

---

7 (가)는 이론적 생장 곡선(J자형)이고 (나)는 실제 생장 곡선(S자형)이다. A는 환경 수용력이고 (가)와 (나) 그래프가 일치하지 않는 것은 환경 저항 때문이다.

8 (가)는 호흡계, (나)는 소화계, (다)는 순환계, (라)는 배설계이다. 항이뇨 호르몬은 내분비계에서 분비된다. 인슐린은 혈액을 통해 표적 세포로 운반되며 (다)에서 (라)로 요소가 이동하기도 한다.

9 (나)는 n=4의 핵상을 가지므로 2n일 때는 8개의 염색체를 가지므로 동물 ㉡이다. 생식세포의 핵상은 n이므로 ㉠의 생식 세포의 핵상은 n=2로 성염색체 1개, 상염색체 1개를 가진다. 2가 염색체는 상동염색체 두 개가 붙어서 생성된다.

④ 체세포 1개당 $\dfrac{\text{상염색체 수}}{\text{성염색체 수}}$는 ㉠이 $\dfrac{2}{2}$, ㉡이 $\dfrac{6}{2}$이므로 ㉡이 ㉠의 3배이다.

정답 및 해설 7.③ 8.② 9.④

10 그림은 형질 A에 대한 가계도를 나타낸 것이다. 형질 A에 대한 개체 1과 2의 유전자형이 모두 동형 접합성일 때, 이에 대한 설명으로 옳지 않은 것은? (단, 돌연변이는 고려하지 않는다)

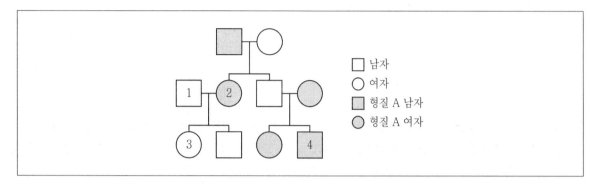

① 형질 A의 대립유전자는 상염색체에 존재한다.

② 형질 A는 우성이다.

③ 개체 3은 형질 A에 대한 열성 대립유전자를 갖는다.

④ 개체 4의 부모가 세 번째 아이를 출산한다고 가정할 때 이 아이가 형질 A일 확률은 $\frac{1}{2}$이다.

11 우리 몸에서 병원체에 대한 비특이적 방어 작용에 해당하지 않는 것은?

① 백혈구의 식균 작용

② 상처 부위의 염증 반응

③ 라이소자임의 항균 작용

④ B림프구에 의한 체액성 면역

12 그림은 티록신의 분비 조절 과정을 나타낸 것이다. 이에 대한 설명으로 옳은 것은?

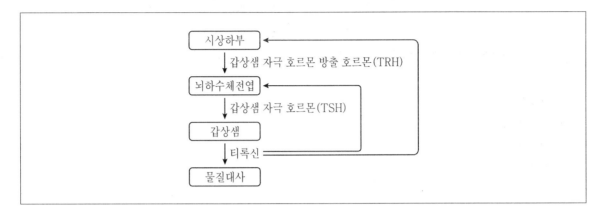

① 갑상샘 자극 호르몬 방출 호르몬(TRH)은 티록신 분비를 억제한다.

② 티록신이 과다 분비되면 갑상샘 자극 호르몬(TSH) 분비가 억제된다.

③ 갑상샘을 제거하면 혈액 내 티록신 농도가 증가한다.

④ 티록신 분비는 양성 피드백에 의해 조절된다.

---

10 형질 A에 대한 유전자형이 1과 2에서 모두 동형 접합인데 1과 2의 자녀가 모두 정상인 것으로 보아 정상 형질이 우성인 열성 유전병에 대한 가계도이며, 어머니인 2가 유전병인데 아들이 정상인 것으로 보아 상염색체 유전이라는 것을 알 수 있다.
② 형질 A는 열성이다.

11 방어 작용은 선천적인 특징을 가지는 비특이적 방어작용과 후천적인 특징을 가지는 특이적 방어작용으로 구분할 수 있다.
④ 림프구에 의한 체액성 면역은 특이적 방어작용에 해당한다.

12 ① 갑상샘 자극 호르몬 방출 호르몬은 갑상샘 자극 호르몬 분비를 자극해 티록신 분비를 촉진시킨다.
③ 갑상샘을 제거하면 갑상샘에서 분비되는 티록신 농도는 감소한다.
④ 티록신 분비는 결과가 원인을 억제하는 음성 피드백에 의해 조절된다.

정답 및 해설 10.② 11.④ 12.②

13 다음 설명에 공통적으로 해당하는 생명 현상의 특성으로 가장 적절한 것은?

> • 눈신토끼는 겨울이 되면 털 색깔을 갈색에서 흰색으로 바꿔 천적으로부터 자신을 보호한다.
> • 뱀은 머리뼈의 관절에서 아래턱을 분리하여 큰 먹이를 삼킬 수 있다.

① 적응과 진화
② 생식과 유전
③ 발생과 생장
④ 항상성 유지

14 철수와 영희의 혈액을 원심분리한 후 상층액(㉠, ㉡)과 침전물[(가), (나)]의 응집 반응을 확인한 결과이다. 철수와 영희의 혈액형을 바르게 연결한 것은? (단, B형에게 영희의 혈액을 수혈할 수 있으며, ABO식 혈액형만을 고려한다)

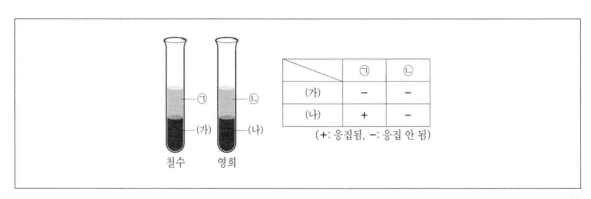

	㉠	㉡
(가)	−	−
(나)	+	−

(+: 응집됨, −: 응집 안 됨)

	철수	영희
①	O형	B형
②	A형	B형
③	B형	O형
④	AB형	O형

15 민말이집 신경의 축삭 돌기 일부에서 지점 ⑰와 ⑭ 중 한 곳을 역치 이상으로 1회 자극했을 때, 일정 시간이 지난 후 세포막에서 이온 ㉠과 ㉡의 이동 방향을 화살표로 나타낸 것이다. ㉠과 ㉡은 각각 Na$^+$과 K$^+$ 중 하나이다. 이에 대한 설명으로 옳은 것은?

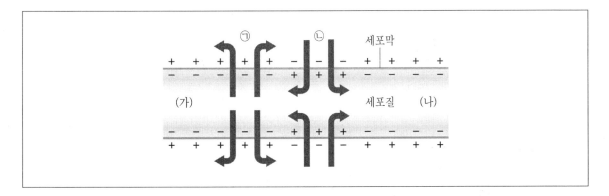

① ㉠은 Na$^+$이다.

② ㉡의 농도는 세포 밖보다 세포 안이 더 높다.

③ 가 뉴런에서 흥분 전도 방향은 ⑰→⑭이다.

④ 이온 통로를 통해 ㉠과 ㉡이 확산될 때 ATP가 소모된다.

---

13 생물이 환경에 오랫동안 적응하면서 이루어진 진화 과정에 해당하는 특성이다.

14 B형에게 영희의 혈액을 수혈할 수 있는 것으로 보아 영희의 혈액형은 B형이다. 혈액을 원심분리 하면 상층부에는 응집소가 존재하고 하층부에는 응집원이 존재하는데 영희의 경우 B형이므로 ⑭에는 응집원 B가 있고 ㉡에는 응집소 α가 있다. 철수의 혈액의 응집소인 ㉠이 영희 혈액 응집원 B와 응집반응이 일어나므로 응집소 β가 있다는 것을 알 수 있고, 철수의 혈액의 응집원인 ⑰는 영희 혈액 응집소인 α와는 응집반응이 일어나지 않았으므로 응집원 A는 없다는 것을 알 수 있다. 즉 철수의 혈액은 응집원을 가지지 않으며 응집소는 α, β를 가지는 O형임을 알 수 있다.

15 역치 이상의 자극이 가해지면 나트륨 이온 통로가 열리면서 나트륨 이온이 세포막 내부로 유입되므로 ㉡은 Na$^+$이다.

③ ㉠에서는 재분극이 일어나고 ㉡에서는 탈분극이 일어나므로 자극은 ⑰에서 ⑭ 방향으로 가고 있다.

① ㉠은 K$^+$이다.

② ㉡의 농도는 세포 밖이 더 높다.

④ 이온 통로를 통해 ㉠,㉡이 확산되는 것은 수동적이므로 ATP 소모가 일어나지 않는다.

정답 및 해설 13.① 14.① 15.③

16 그림은 세포에서 일어나는 ATP와 ADP 사이의 전환을 나타낸 것이다. 이에 대한 설명으로 옳지 않은 것은?

① ㉠은 골격근의 수축에 이용될 수 있다.
② 물질 X는 아데닌, 물질 Y는 리보스이다.
③ 결합 A는 고에너지 인산 결합이다.
④ ㉡에서 방출된 에너지는 이화 작용에 이용된다.

17 (가) ~ (다)는 각각 유전적 다양성, 종 다양성, 생태계 다양성 중 하나이다. 이에 대한 설명으로 옳은 것만을 모두 고르면?

구분	특징
(가)	특정 생태계에서 발견되는 생물종의 다양성
(나)	서식지에 살고 있는 모든 생물과 비생물 간 상호 작용의 다양성
(다)	한 개체군 내의 개체들 간 형질의 다양성

㉠ (가)가 높을수록 생태계가 안정적으로 유지된다.
㉡ (나)가 증가할수록 (가)는 감소한다.
㉢ (다)가 높은 종은 환경 조건이 급변하거나 감염병이 발생했을 때 생존율이 높다.

① ㉠   ② ㉡
③ ㉠, ㉢   ④ ㉡, ㉢

18 (가)는 사람의 질병 A~C에서 특징 ㉠~㉢의 유무를, (나)는 ㉠~㉢을 순서 없이 나타낸 것이다. A~C가 각각 콜레라, 홍역, 낫모양 적혈구 빈혈증 중 하나라고 할 때, 이에 대한 설명으로 옳은 것은?

	(가)				(나)
질병＼특징	㉠	㉡	㉢		특징(㉠ ~ ㉢)
A	×	○	○		－ 유전병이다.
B	○	×	×		－ 항생제로 치료할 수 있다.
C	×	○	×		－ 다른 사람에게 전염될 수 있다.

(○: 있음, × : 없음)

① A는 홍역이다.
② B는 낫모양 적혈구 빈혈증이다.
③ ㉡은 "항생제로 치료할 수 있다."이다.
④ C는 콜레라이다.

---

16 ① ㉠ 과정에서 고에너지 인산 결합이 끊어지면서 발생되는 에너지로 근육 운동을 할 수 있다.
　　②③ 물질 X는 아데닌이고 결합 A는 고에너지 인산 결합, 물질 Y는 리보스 당이다.

17 (가)는 종 다양성, (나)는 생태계 다양성, (다)는 유전적 다양성이다.
　　㉡ 생태계 다양성이 증가하면 종 다양성도 같이 증가한다.

18 '유전병이다.'에 해당하는 것은 낫모양 적혈구 빈혈증이다. '항생제로 치료할 수 있다.'는 세균성 질병인 콜레라에 대한 설명이며 '다른 사람에게 전염될 수 있다.'는 콜라라와 홍역에 대한 설명으로 특징 ㉠은 '유전병이다.'이며, ㉡은 '다른 사람에게 전염될 수 있다.'이고 ㉢은 '항생제로 치료할 수 있다.'에 해당한다. 따라서 질병 A는 콜레라, B는 낫모양 적혈구 빈혈증, C는 홍역이다.

정답 및 해설 16.④ 17.③ 18.②

19 그림은 생태계에서 일어나는 질소 순환 과정의 일부를 나타낸 것으로, (가)~(다)는 각각 분해자, 생산자, 소비자 중 하나이다. 이에 대한 설명으로 옳은 것은?

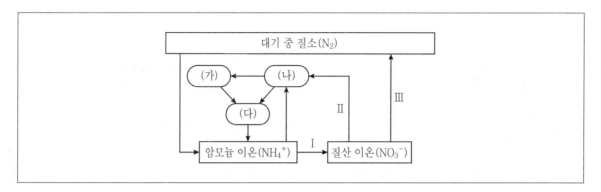

① 버섯은 (가)에 해당한다.
② 탈질산화 세균은 과정 I에 관여한다.
③ 과정 II는 질소 동화 작용이다.
④ 과정 III은 식물에 의해 일어난다.

20 그림은 어떤 체세포의 세포 주기를 나타낸 것으로, ㉠과 ㉡은 각각 후기와 전기 중 하나이다. 이에 대한 설명으로 옳은 것은? (단, 돌연변이는 고려하지 않는다)

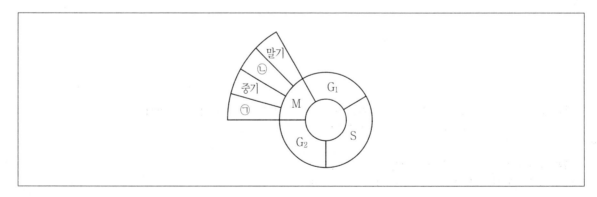

① ㉠에 핵막이 사라진다.
② ㉡에 상동 염색체가 분리된다.
③ S기에서 염색체가 관찰된다.
④ 체세포 1개당 DNA 양은 G_1기가 G_2기보다 많다.

19 (가)는 소비자, (나)는 생산자, (다)는 분해자이다.
① 버섯은 분해자에 속한다.
②④ 탈질산화 세균은 과정 Ⅲ에 관여한다.

20 ㉠은 전기, ㉡은 후기이다. 핵막은 간기에 존재하고 분열기(M기)에는 사라진다.
② ㉡에서는 염색 분체가 분리되며 체세포 분열 과정에서는 상동염색체가 분리되는 과정이 일어나지 않는다.
③ 염색체는 M기에만 관찰된다.
④ 체세포 1개당 DNA양은 S기때복제가 일어나 G_2기때 G_1기의 2배가 된다.

정답 및 해설 19.③ 20.①

1 지방(fat)은 글리세롤(glycerol)과 지방산으로 이루어진 지질(lipid)의 한 종류이다. 지방산은 불포화지방산(unsaturated fatty acid)과 포화지방산(saturated fatty acid)으로 나누어진다. 〈보기〉에서 불포화지방산에 대한 설명으로 옳은 것을 모두 고른 것은?

─────── 〈보기〉 ───────

ⓐ 같은 수의 탄소를 가지고 있는 포화지방산보다 수소의 수가 많다.
ⓑ 탄소사슬에 다중결합이 존재한다.
ⓒ 불포화지방산은 상대적으로 동물보다 식물에 더 많이 존재한다.

① ㉠, ㉡
② ㉠, ㉢
③ ㉡, ㉢
④ ㉠, ㉡, ㉢

2 세포의 ㈎미토콘드리아(Mitochondria)와 ㈏엽록체에 대한 설명으로 가장 옳은 것은?

① ㈎는 동물세포에 존재하고 식물세포에는 존재하지 않는다.
② ㈎, ㈏ 모두 핵 속에 DNA가 들어 있다.
③ 간세포나 근육세포같이 에너지 소비가 큰 세포는 ㈏가 많이 들어 있다.
④ ㈎, ㈏에는 모두 DNA와 리보솜이 있어 스스로 복제하고 증식할 수 있다.

3 세포는 여러 구성성분으로 이루어져 있다. 〈보기〉에서 세포의 구성성분에 대한 설명으로 옳은 것을 모두 고른 것은?

〈보기〉

㉠ RNA는 인산기, 당, 질소함유염기로 이루어져 있다.

㉡ 이황화결합(disulfide bridge)은 단백질의 3차구조를 형성하는 데 역할을 한다.

㉢ 콜레스테롤(cholesterol)은 동물세포막의 구성성분이다.

① ㉠, ㉡

② ㉠, ㉢

③ ㉡, ㉢

④ ㉠, ㉡, ㉢

---

1 불포화 지방산은 한 개 이상의 다중 결합을 가지고 있는 지방산을 의미한다. 동물보다 식물에 많이 존재한다.
㉠ 같은 수의 탄소를 가지고 있는 포화지방산보다 다중결합을 더 가지고 있으므로 수소를 적게 가진다.

2 ㈎와 ㈏는 세포내 소기관으로 자체 DNA와 리보솜을 가져 스스로 복제 및 증식이 가능하다.
① 미토콘드리아는 세포 호흡을 담당하는 세포내 소기관으로 동물세포와 식물세포 모두에 존재한다.
② ㈎와 ㈏는 모두 세포내 소기관이므로 핵을 제외한 세포질에 존재한다. 따라서 소기관내에 자체 DNA를 가진다.
③ 간세포와 근육세포는 에너지 소비가 크므로 에너지 생산을 담당하는 미토콘드리아인 ㈎가 많이 들어있다.

3 RNA는 당, 인산, 염기로 구성된 뉴클레오타이드가 기본 단위이다. 또한 이황화결합은 단백질의 3차 구조를 형성하는 역할을 한다. 콜레스테롤은 스테로이드의 일종으로 동물세포막을 구성하며 세포막의 투과성과 유동성에 영향을 준다.

정답 및 해설 1.③ 2.④ 3.④

4 C₄ 식물에서 CO_2를 고정하는 효소의 기질로 가장 옳은 것은?

① 리불로오스2인산

② 3-포스포글리세르산

③ 포스포에놀피루브산

④ 글리세르알데하이드 3-인산

5 식물세포에는 설탕과 수소이온(H^+)을 동시에 세포막 안으로 나르는 공동수송체가 존재한다. 하지만 설탕이 세포 안에 축적되면 양성자 펌프를 이용해 수소이온을 세포 밖으로 내보낼 수 있다. 이를 근거로 설탕이 수송되는 속도를 증가시킬 수 있는 처리로 가장 옳은 것은?

① 세포 외부의 pH를 낮춘다.

② 세포 외부의 설탕 농도를 낮춘다.

③ 세포질의 pH를 낮춘다.

④ 수소이온이 막을 더 많이 투과되게 만드는 물질을 첨가한다.

6 동물세포의 세포주기에 대한 설명으로 가장 옳은 것은?

① 간기 동안 DNA 복제가 일어난다.

② 핵막은 간기에 사라진다.

③ 초기 배아세포는 상피세포보다 간기가 길다.

④ DNA가 손상되면 분열기에서 세포주기가 종료된다.

7 한 사람의 근육세포와 신경세포가 다른 이유에 대한 설명으로 가장 옳지 않은 것은?

① 각 세포가 서로 다른 유전자를 발현하기 때문이다.

② 각 세포가 서로 다른 유전자 발현 조절인자를 가지고 있기 때문이다.

③ 각 세포가 서로 다른 유전암호를 사용하기 때문이다.

④ 각 세포가 서로 다른 인핸서(enhancer)가 활성화되기 때문이다.

4 C₄ 식물은 탄소 고정 최초 산물이 4탄소 화합물인 식물을 의미하는데 주로 열대지방에 서식한다. 대기중의 이산화탄소는 엽육세포에서 PEP(포스포에놀피루브산)와 결합하여 옥살아세트산으로 된 후 말산을 거쳐 관다발초로 들어간다. 즉, CO_2를 고정하는 효소의 기질은 포스포에놀피루브산이다.

5 식물세포에서는 막에 존재하는 양성자 펌프를 이용해 수소이온을 능동수송한 후 이를 통해 설탕의 공동 수송이 일어난다. 즉 세포 외부에 수소 이온이 많다면 설탕의 공동 수송도 많이 일어나게 된다.

6 간기 동안 DNA 복제가 일어나고 분열기에 핵막이 사라진다.
② 핵막은 분열기에 사라진다.
③ 초기 배아세포의 발생 과정은 간기가 매우 짧아 세포 생장이 거의 일어나지 않고 DNA 복제만 일어나야 한다.
④ DNA 손상시 간기에서 세포주기가 종료된다.

7 한 사람의 세포내에 있는 모든 유전자는 동일하다. 각 세포에서 어떤 인핸서가 활성화되냐에 따라 유전자 발현이 조절되어 각기 다르게 발현된다. 근육세포와 신경세포는 모두 같은 유전 암호를 사용한다.

정답 및 해설 4.③ 5.① 6.① 7.③

8 생명공학 기술의 발달로 유전자를 이용한 여러 물질들이 생성되는데 이때 유전자 클로닝(cloning) 기술이 많이 이용된다. 〈보기〉에서 제한효소(restriction enzyme)에 대한 설명으로 옳은 것을 모두 고른 것은?

───────── 〈보기〉 ─────────

㉠ 제한효소는 제한자리(restriction site)라는 특정 염기서열을 인식한다.

㉡ 제한효소는 박테리아가 자신을 보호하기 위해 다른 생물에서 유래한 DNA를 자르는 효소이다.

㉢ 제한효소에 의해 잘라진 조각을 DNA 연결효소(ligase)로 연결할 수 있다.

① ㉠, ㉡
② ㉠, ㉢
③ ㉡, ㉢
④ ㉠, ㉡, ㉢

9 사람의 암조직에서 높게 발현되는 암 관련 유전자의 mRNA로부터 만들어진 cDNA에 대한 설명으로 가장 옳지 않은 것은?

① RNA와 같이 단일 가닥으로 이루어져 있다.
② 단일 가닥 RNA로부터 역전사효소에 의해 만들어진다.
③ cDNA에 인트론은 존재하지 않는다.
④ 폴리-dT(Poly-dT)로 이루어진 프라이머를 이용해 DNA 가닥이 합성된다.

10 〈보기〉는 개의 털색깔을 결정하는 유전자 A와 B에 대한 자료이다. ㉠에 해당하는 것은?

〈보기〉

- 개의 털색깔은 합성된 색소(검정색 또는 갈색)가 털에 침착되면서 결정되는데, 색소 침착이 안 되면 노란색이 된다.
- 검정색 색소 합성 유전자 A는 갈색 색소 합성유전자 a에 대해 우성이다.
- 색소 침착이 되는 유전자 B는 색소 침착이 안 되는 유전자 b에 대해 우성이다.
- 색소 합성 유전자와 색소 침착 유전자는 서로 다른 염색체에 존재한다.
- 유전자형이 AaBb인 검정색 암수를 교배하여 얻은 자손의 털색깔이 노란색일 확률은 ㉠ 이다.

① 9/16   ② 4/16
③ 3/16   ④ 1/16

---

8 제한효소는 특정 자리 염기서열을 인식해 자른다. 박테리아는 파지 DNA가 들어왔을 때 특정 서열을 자르기 위해 제한효소를 가지는 경우가 있다. 또한 제한효소에 의해 잘라진 조각을 DNA 연결효소로 연결할 수 있다.

9 진핵세포가 DNA를 RNA로 전사하고 변형까지 마친 후 인트론이 제거되고 아데닐산 중합반응과 5'cap 형성된 후 일어나는 반응이다. 프라이머로 올리고-dT를 이용해 폴리-A tail이 프라이머와 염기쌍을 이루는 것을 이용한다. 또한 역전사효소가 작용해 프라이머가 결합한 이중가닥 분절에서 역전사가 일어나며 이와 같은 과정이 진행되면 원래 mRNA와 동일한 서열로 이루어진 두 가닥의 cDNA를 얻을 수 있다.

10 AaBb를 자가교배 했을 경우 아래 표와 같은 확률로 노란색 개체가 나오므로 확률은 4/16이다.

	AA	2Aa	aa
BB	AABB (검)	2AaBB (검)	aaBB (갈)
2Bb	2AABb (검)	4AaBb (검)	2aaBb (갈)
bb	AAbb (노)	2Aabb (노)	aabb (노)

정답 및 해설 8.④ 9.① 10.②

11 성을 결정짓는 염색체에 대한 설명으로 가장 옳지 않은 것은?

① 성염색체에는 성을 결정하는 유전자 이외에도 다른 유전자가 존재한다.

② 포유류 암컷의 두 개의 X염색체 중 모계에서 유래된 X염색체가 불활성화된다.

③ X염색체가 불활성화되면 조밀한 구조로 응축된다.

④ 어떤 생물은 염색체 수에 의해 성이 결정된다.

12 바이러스에 대한 설명으로 가장 옳은 것은?

① 비로이드(viroid)는 단백질 껍질에 싸인 원형의 RNA로 단백질을 암호화하며 식물세포를 감염시킨다.

② 박테리오파지(bacteriophage)는 용원성(lysogenic) 감염 상태에서 일부 단백질을 발현하여 용균성(lytic) 감염으로 전환을 가능케 한다.

③ 프로파지(prophage)는 숙주 염색체에 삽입된 DNA이며 숙주세포 분열 시 복제되며 새로운 바이러스를 생산한다.

④ 일부 동물바이러스는 수년간 잠복감염(latent infection)을 일으키기도 하며 이 시기에 지속적으로 새로운 바이러스를 생산한다.

13 비뇨계에 대한 설명으로 가장 옳지 않은 것은?

① 분비과정에서 여액에 있는 물질이 혈액으로 운반된다.

② 보우만주머니는 사구체를 둘러싸고 있다.

③ 오줌은 요관(ureter)이라 불리는 관을 통해 신장에서 나온다.

④ 사구체에서 여과가 일어난다.

14 결합조직(connective tissue)에 속하지 않는 것은?

① 뼈대근육

② 혈액

③ 지방조직

④ 뼈

11 성세포 생성 단계에서 부계 X염색체에 표식을 남겨서 수정 이후 부계 X염색체가 자동으로 불활성화되게 만든다. 불활성 과정도 2단계에 걸쳐서 철저히 이루어진다.

12 박테리오파지 중 일부는 DNA 속으로 끼어 들어가 대장균의 증식에 따라 함께 증식하며 생활하는 '용원성 생활사'를 갖는다. 그러나 자외선을 쬐는 등 특정한 자극을 받으면 람다 파지도 T4 파지와 같이 용균성 생활사로 바뀌기도 한다.
① 비로이드는 단백질 껍질이 없다. 짧은 원형 단일가닥 RNA로 이루어진 관다발식물에 감염하는 병원성 물질이다.
③ 프로파지는 숙주세포 내부에서 활성화되기 전에 숙주세포 DNA에 삽입된 게놈 형태의 바이러스를 의미한다.
④ 잠복기간 동안은 바이러스 입자 증식은 중단되어있으나 핵산이 남아있는 상태이다.

13 보우만주머니는 사구체를 둘러싸고 있어 사구체의 높은 혈압에 따라 저분자 물질들이 여과되어 빠져나올 때 그 물질들이 이동하는 곳이다. 또한 오줌은 신장에서 만들어져 요관을 통해 방광으로 이동해 배설된다.
분비과정은 혈액에 남아 있는 노폐물들이 세뇨관으로 이동하는 과정이다.

14 사람의 상피조직, 결합조직, 근육조직, 신경조직으로 나누어져 있는데 뼈대 근육은 근육 조직에 속한다.

정답 및 해설 11.② 12.② 13.① 14.①

15 사람의 면역세포에 대한 설명으로 가장 옳지 않은 것은?

① 호중구는 선천면역에 관여한다.

② 단핵구는 대식세포로 분화한다.

③ 비만세포는 히스타민을 분비한다.

④ 자연살해세포(natural killer)는 MHC Ⅱ를 발현한다.

16 혈액과 세포사이액 내 칼슘(Ca^{2+})을 적정 농도로 유지 하는 것은 여러 신체기능이 정상적으로 작동하는 데 필수적 이다. 〈보기〉에서 혈액 내 칼슘 농도가 높아지게 되면 나타나는 현상을 모두 고른 것은?

─────── 〈보기〉 ───────

ㄱ 부갑상샘에서 칼시토닌이 분비된다.

ㄴ 뼈에서 칼슘저장이 촉진된다.

ㄷ 콩팥에서 칼슘흡수가 감소된다.

① ㄱ, ㄴ

② ㄱ, ㄷ

③ ㄴ, ㄷ

④ ㄱ, ㄴ, ㄷ

17 엽록소 a의 복합고리구조에 포함되어 있는 금속이온은?

① Ca^{2+}

② Mg^{2+}

③ Fe^{2+}

④ Zn^{2+}

18 에너지원과 탄소원에 따른 생물의 영양방식에 대한 설명으로 가장 옳은 것은?

① 광종속영양생물은 유기물로부터 에너지를 얻는다.

② 화학독립영양생물은 유기물로부터 탄소를 얻는다.

③ 에너지원으로 빛을 이용하는 생물은 모두 CO_2를 고정한다.

④ 탄소원으로 유기물을 이용하는 생물은 종속영양생물이다.

---

15 선천성 면역에 해당하는 백혈구에는 단핵세포, 호중구, 호산구, 호염기구, 자연살해세포가 있다. 이 중 단핵세포는 대식세포로 발전한다. 비만세포는 히스타민을 분비해 염증반응에 대비한다. 자연살해세포는 감염된 세포나 암세포를 인식해 부착되어 해당 세포를 파손시킨다. MHCⅡ는 골지체에서 만들어져 외부 항원을 제시하는 것과 관련있으며 자연살생세포와는 관계가 없다.

16 혈액 내 칼슘 농도가 높아지면 갑상샘에서 칼시토닌이 분비되어 혈장으로 칼슘 이온 흡수를 억제해서 혈액 내 칼슘 농도를 줄여준다. 이 과정에서 칼슘 이온이 뼈에 저장되는 과정이 촉진되며 콩팥으로도 칼슘 흡수가 촉진된다.
㉠ 칼시토닌은 갑상샘에서 분비되는 호르몬이다.

17 엽록소 a 복합 고리 구조에 포함되어 있는 금속 이온은 마그네슘 이온이다.

18 탄소원으로 유기물을 사용해서 분해하며 에너지를 얻는 생물은 종속영양생물이다.
① 광종속영양생물은 빛을 통해 에너지를 얻는다.
② 화학독립영양생물은 무기물 탄소로부터 유기물 탄소를 얻는다.
③ 광종속영양생물은 에너지는 빛을 통해 얻지만 탄소의 공급원으로 이산화탄소가 아닌 유기 화합물을 사용하므로 이산화탄소를 고정하는 반응이 일어나지 않는다.

정답 및 해설 15.④ 16.③ 17.② 18.④

19 경골어류에 해당하는 것은?

① 상어

② 가오리

③ 참치

④ 홍어

20 하디-바인베르크 평형(Hardy-Weinberg equilibrium)을 깨트리는 진화에 대한 설명으로 옳은 것을 모두 고른 것은?

―――――― 〈보기〉 ――――――

ㄱ 대부분의 종에서 교배는 무작위적이지 않고 성선택(sexual selection)을 비롯해 선호도를 보이며 대립유전자는 특정 유전자형에 집중된다.

ㄴ 집단의 크기가 급격히 감소할 때 많은 대립유전자가 무작위적으로 제거되는 병목현상(bottleneck) 은 다시 개체번식으로 집단크기를 회복해도 유전적 다양성을 확보하지 못한다.

ㄷ 돌연변이는 유전적 다양성을 증가시키며, 진화에 영향을 주기 위해서는 다세포 생물은 생식세포에 돌연변이가 나타날 때만 가능하다.

ㄹ 모집단을 떠나 작은 개체군이 형성되면 개체군 내 무작위적인 대립유전자는 모집단의 대립유전자 빈도와 다를 수 있고 모집단에서 희소했던 대립유전자가 더 많이 나타나는 것을 창시자 효과 (founder effect)라 한다.

① ㄱ, ㄷ

② ㄴ, ㄹ

③ ㄱ, ㄴ, ㄷ

④ ㄱ, ㄴ, ㄷ, ㄹ

19 대부분의 어류는 경골어류에 속한다.
　① 상어는 연골어류에 속한다.
　② 가오리는 연골어류에 속한다.
　④ 홍어는 연골어류에 속한다.

20 하디-바인베르크 평형은 멘델집단에서 유지된다. 즉 세대가 바뀌어도 대립유전자의 종류와 빈도가 변하지 않는 상태를 의미한다. 돌연변이, 자연 선택, 유전적 부동(창시자 효과, 병목 효과) 등은 이러한 유전적 평형을 깨뜨리는 요인이 된다.
　㉠ 집단내 교배가 자유롭고 무작위적이지 않을 경우 하디-바인베르크 평형이 깨진다.
　㉡ 병목 현상은 유전자풀 변화의 요인이므로 하디-바인베르크 평형이 깨지는 요인이 된다.
　㉢ 생식 세포에 돌연변이가 생길 경우 다음 세대에 전달되므로 유전적 평형이 깨지게 된다.
　㉣ 창시자 효과도 유전적 평형을 깨뜨리는 요인이다.

정답 및 해설 19.③ 20.④

1 (가)와 (나)는 세포 내에서 물질대사를 담당하는 세포소기관을 각각 나타낸 것이다. 이에 대한 설명으로 옳은 것은?

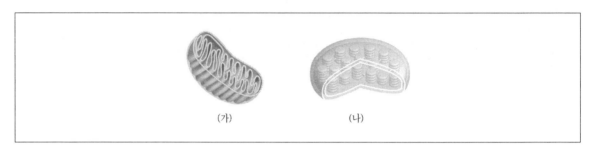

(가)   (나)

① (가)에서는 광합성이 일어난다.

② (나)는 포도당을 분해하여 ATP를 합성한다.

③ (나)에서는 동화 작용이 주로 일어난다.

④ (가)는 동물세포에서만 관찰된다.

2 (가)는 시냅스로 연결된 뉴런 I ～III이고, (나)는 A에 역치 이상의 자극을 주었을 때 ⓐ와 ⓑ 중 한 곳에서 나타나는 흥분의 전달 과정이다. 이에 대한 설명으로 옳은 것은?

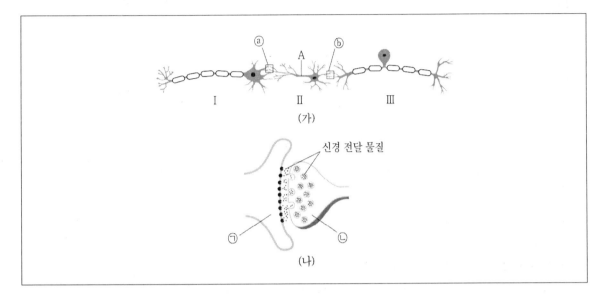

(가)

(나)

① (나)는 ⓑ에서 일어난다.
② ㉠은 축삭 돌기, ㉡은 가지 돌기이다.
③ 흥분은 II에서 I과 III으로 전달된다.
④ (나)의 신경 전달 물질은 ㉠의 막전위를 변화시킨다.

---

1 (가)는 미토콘드리아, (나)는 엽록체이다.
미토콘드리아에서는 이화작용인 세포호흡이 일어나 ATP를 합성하고, 엽록체에서는 동화작용인 광합성이 일어나 포도당을 합성한다. 미토콘드리아는 동물과 식물에서 모두 관찰되고, 엽록체는 식물에서만 관찰된다.

2 자극은 시냅스 전 뉴런의 축삭돌기 말단에서 시냅스 후 뉴런의 신경세포체 쪽으로만 전달되므로 A의 자극은 ⓐ로는 이동해 ㉠의 막전위를 변화시키지만, ⓑ로는 신경 전달 물질이 이동하지 못한다. 즉 ⓐ에서만 (나)가 관찰된다. (나)의 ㉠은 신경 전달 물질 수용체가 존재하는 가지돌기이며 ㉡은 신경 전달 물질이 들어있는 시냅스 소포가 존재하는 축삭돌기이다.

정답 및 해설 1.③ 2.④

3 그림은 폐포 주변 모세 혈관에서 일어나는 혈액의 흐름 및 기체의 이동을 나타낸 것이다. A, B는 폐포 주변 모세 혈관의 두 지점이고, ㉠, ㉡은 각각 산소와 이산화탄소 중 하나이다. 이에 대한 설명으로 옳은 것은?

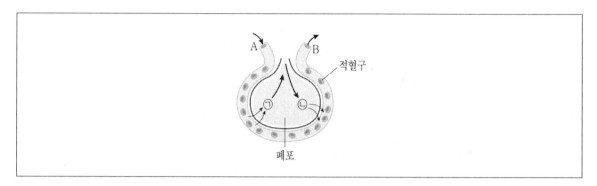

① ㉡의 농도는 B보다 A의 혈액에서 높다.

② ㉠은 산소이다.

③ ㉠의 분압은 A보다 B의 혈액에서 낮다.

④ 폐포와 주변 모세 혈관 사이에서 ㉡이 이동할 때 ATP가 소모된다.

4 사람의 물질대사와 대사성 질환에 대한 설명으로 옳지 않은 것은?

① 생명 활동을 유지하는 데 필요한 최소한의 에너지양을 기초 대사량이라고 한다.

② 지방 조직은 근육 조직보다 더 많은 에너지를 소비한다.

③ 1일 대사량에는 기초 대사량과 활동 대사량이 포함된다.

④ 당뇨병은 혈당량이 비정상적으로 높은 상태가 지속되는 질환이다.

5 다음은 페니실린을 발견한 플레밍의 탐구 과정을 순서 없이 나열한 것이다. 연역적 탐구 방법에 따라 ㈎~㈐를 순서대로 바르게 나열한 것은?

㈎ 세균 배양 접시 중 일부에는 푸른곰팡이를 접종하고, 나머지는 푸른곰팡이를 접종하지 않고 세균을 배양하였다

㈏ "푸른곰팡이에서 나온 어떤 물질에 의해 세균 증식이 억제되었을 것이다."라고 생각하였다.

㈐ 푸른곰팡이를 접종한 배양 접시에서만 세균이 증식하지 않은 것을 확인하였다.

㈑ 실험 결과를 바탕으로 "푸른곰팡이에서 나온 물질이 세균 증식을 억제한다."는 결론을 내렸다.

㈒ 세균 배양 접시에 우연히 발생한 푸른곰팡이 주변에 세균이 없는 것을 보고 "왜 그럴까?"라는 의문을 가졌다.

① ㈎ – ㈏ – ㈐ – ㈒ – ㈑
② ㈑ – ㈒ – ㈎ – ㈏ – ㈐
③ ㈒ – ㈏ – ㈎ – ㈐ – ㈑
④ ㈒ – ㈑ – ㈎ – ㈐ – ㈏

---

3 폐포와 모세혈관 사이 기체 교환은 분압차에 의한 확산에 의해 일어나므로 ATP에너지가 소모되지 않는다. 산소는 폐포에서 모세혈관으로 확산되므로 ㉡에 해당하고, 이산화탄소는 모세혈관에서 폐포로 확산되므로 ㉠에 해당한다.

4 지방조직보다 근육조직이 더 많은 에너지를 소비한다.

5 연역적 탐구 과정은 다음과 같이 일어난다.
문제인식 → 가설설정 → 탐구설계 및 수행 → 결과분석 → 결론도출 → 일반화
따라서 ㈒ 문제인식 – ㈏ 가설설정 – ㈎ 탐구설계 및 수행 – ㈐ 결과분석 – ㈑ 결론도출

정답 및 해설 3.③ 4.② 5.③

6 ㈎는 사람 몸을 구성하는 기관 A~C에서 특징 ㉠~㉢의 유무를, ㈏는 ㉠~㉢을 순서 없이 나열한 것이다. A~C는 각각 간, 소장, 심장 중 하나이다. 이에 대한 설명으로 옳은 것만을 모두 고르면? (단, ㈎ 괄호 안의 특징 유무는 유추해야 함)

기관 \ 특징	㉠	㉡	㉢	특징(㉠~㉢)
A	( )	×	○	– 소화계에 속함
B	×	×	( )	– 세포 호흡이 일어남
C	○	( )	○	– 암모니아가 요소로 전환되는 기관

※ ○ : 있음, × : 없음

> ㉠ ㉠은 '세포 호흡이 일어남'이다.
> ㉡ B에서 영양소의 소화가 일어난다.
> ㉢ C는 '간'이다.

① ㉢
② ㉠, ㉡
③ ㉠, ㉢
④ ㉡, ㉢

7 ㈎와 ㈏는 생명체에서 일어나는 화학 반응과 에너지 변화를 각각 나타낸 것이다. 이에 대한 설명으로 옳은 것은?

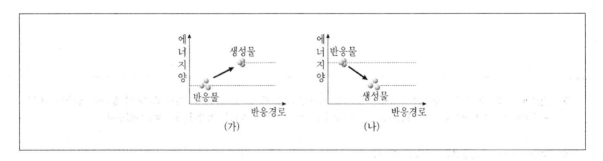

① ㈎는 동화 작용이다.
② ㈎는 소화와 세포 호흡을 포함한다.
③ 포도당이 글리코젠으로 되는 것은 ㈏에 해당한다.
④ ㈏가 일어날 때 에너지가 흡수된다.

8 ㈎는 세포 호흡을 통한 포도당의 분해 과정을, ㈏는 ATP와 ADP 사이의 전환을 나타낸 것이다. 이에 대한 설명으로 옳은 것은?

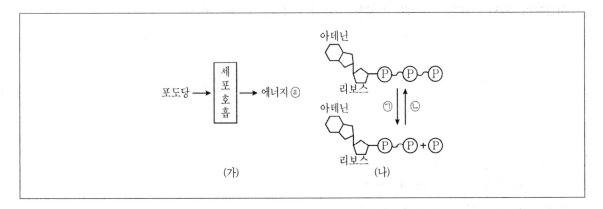

① ㉡은 이화 작용이다.

② ㉠에서 방출된 에너지는 생명 활동에 이용된다.

③ 포도당의 분해를 통해 생성된 에너지 ⓐ가 ㉠에서 흡수된다.

④ ㈎의 세포 호흡 과정에서 방출된 모든 에너지는 ㉡을 통해 저장된다.

---

6 '소화계에 속함' 특징에 해당하는 기관은 간, 소장이고, '세포 호흡이 일어남'은 모든 기관이 다 속한다. '암모니아가 요소로 전환되는 기관은 간이므로 C가 간이고 B는 심장, A는 소장이다. 특징 ㉠은 소화계에 속함, ㉡은 암모니아가 요소로 전환되는 기관, ㉢은 세포 호흡이 일어남이다.

7 ㈎는 동화 작용, ㈏는 이화 작용 그래프이다. 동화 작용에는 광합성, 단백질 합성 등이 해당되고 이화 작용에는 세포 호흡과 소화가 해당된다. ㈎는 에너지가 흡수되는 과정이고, ㈏는 에너지가 방출되는 과정이다. 포도당이 글리코젠으로 되는 것은 합성되는 과정이므로 ㈎에 해당한다.

8 ㉠은 이화 작용, ㉡은 동화 작용이며 포도당 분해를 통해 생성된 에너지 ⓐ는 ㉡을 통해 생성된다. 세포 호흡 과정에서 방출된 에너지의 66%는 열에너지로 방출되어 체온유지에 사용되고 34%만 ATP 화학 에너지로 저장된다.

정답 및 해설 6.① 7.① 8.②

9 그림은 민말이집 신경의 지점 ㉠~㉢ 중 한 곳에 역치 이상의 자극을 1회 준 후 경과된 시간이 t_1일 때, ㉠~㉢에서 측정한 막전위를 나타낸 것이다. 이에 대한 설명으로 옳은 것은? (단, 흥분의 전도는 1회 일어났으며, 휴지 전위는 −70mV이고 활동 전위의 최고점은 +30mV이다)

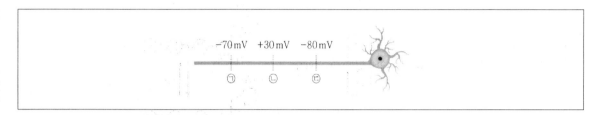

① 자극을 준 지점은 ㉠이다.

② t_1일 때, ㉡은 분극 시기에 해당한다.

③ t_1일 때, ㉢은 탈분극 시기에 해당한다.

④ t_1일 때, ㉠에서 Na^+의 농도는 세포 밖이 안보다 높다.

10 그림은 정상인에서 X에 따른 혈중 ADH(항이뇨 호르몬)의 농도를 나타낸 것이다. X는 '혈장 삼투압'과 '단위 시간당 오줌 생성량' 중 하나이다. 이에 대한 설명으로 옳은 것만을 모두 고르면?

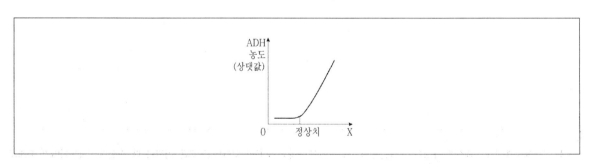

㉠ ADH는 뇌하수체 후엽에서 분비된다.

㉡ X는 '단위 시간당 오줌 생성량'이다.

㉢ X가 정상치보다 높아지면 콩팥에서 물의 재흡수량이 증가한다.

① ㉠, ㉡   ② ㉠, ㉢

③ ㉡, ㉢   ④ ㉠, ㉡, ㉢

11 (가)는 무릎 반사가 일어날 때 수용기와 반응기 사이의 흥분 전달 경로를, (나)는 골격근을 구성하는 근육 원섬유의 구조를 나타낸 것이다. ㉠, ㉡은 각각 A대와 I대 중 하나이다. 이에 대한 설명으로 옳지 않은 것은?

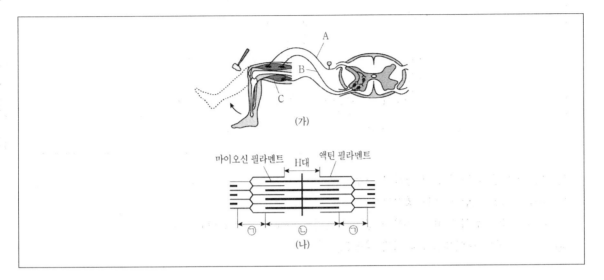

(가)

(나)

① 망치의 자극에 의한 흥분은 A에서 B로 전달된다.
② 무릎 반사에 의해 근육 C가 이완되면 ㉠의 길이는 길어진다.
③ 골격근이 수축하면 ㉡의 길이는 짧아진다.
④ B의 축삭 돌기 말단에서 분비되는 신경 전달 물질은 아세틸콜린이다.

9 자극을 준 지점은 ㉢이다. 자극점과 가까이 있을수록 자극이 이동하는데 걸리는 시간은 짧고 막전위 변화에 많은 시간을 사용하기 때문이다. t_1일 때 ㉡은 탈분극이며 ㉠은 분극 상태이다. ㉢은 막전위가 가장 많이 변한 재분극 중 과분극 시기에 해당한다. 나트륨이온의 농도는 항상 세포 밖이 안보다 높다.

10 X가 높을수록 ADH가 많이 나와 수분 재흡수를 많이 하게 되므로 X는 혈장 삼투압이다. ADH는 뇌하수체 후엽에서 분비되어 혈액을 타고 이동하다가 콩팥에서 작용한다. 혈장 삼투압인 X가 정상치보다 높아지면 콩팥에서 물을 더 많이 흡수하게 된다.

11 망치의 자극에 의한 흥분은 후근인 A에서 전근인 B로 전달된다. 근육이 이완되면 I대인 ㉠은 길어진다. 골격근 수축과 관계없이 A대인 ㉡의 길이는 항상 변하지 않는다.

정답 및 해설 9.④ 10.② 11.③

12 (가)와 (나)는 어느 학교 학생들을 대상으로 귓불 모양과 키를 조사하여 그 분포를 각각 나타낸 것이다. 두 유전 형질에 대한 설명으로 옳은 것은?

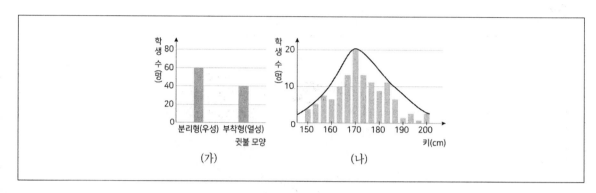

① 귓불 모양은 대립 형질이 명확히 구분된다.
② 귓불 모양은 다인자 유전 형질이다.
③ 키는 멘델의 법칙에 따른 우성과 열성의 분리가 뚜렷하게 나타난다.
④ 키는 한 쌍의 대립유전자에 의해 결정된다.

13 생물 군집에 대한 설명으로 옳은 것은?

① 식물 군집의 수평 분포는 고도에 따른 기온 차이로 나타난다.
② 적도 부근에 형성되는 초원을 툰드라라고 한다.
③ 한 개체군이 다른 개체군과 함께 살면서 한쪽은 이익을 얻고 다른 한쪽은 손해를 보는 경우를 편리 공생이라 한다.
④ 두 개체군이 경쟁한 결과 한 개체군은 살아남고 다른 개체군은 경쟁 지역에서 사라지는 것을 경쟁 · 배타 원리라고 한다.

14 (가)는 사람의 체내에서 일어나는 면역 반응의 일부를, (나)는 사람 X의 체내에 항원 A, B가 침입했을 때 생성되는 항체의 농도를 나타낸 것이다. ㉠, ㉡은 각각 기억 세포와 형질 세포 중 하나이다. 이에 대한 설명으로 옳은 것은?

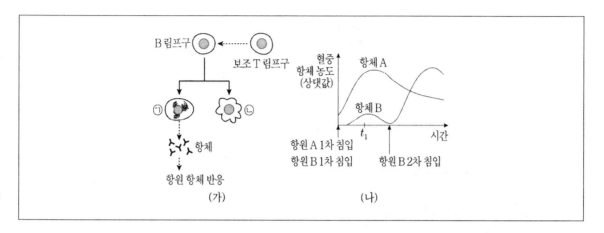

① ㉠은 기억 세포, ㉡은 형질 세포이다.
② X는 이전에 항원 A와 B에 노출된 적이 없다.
③ t_1시점에 X의 체내에는 항원 A에 대한 ㉡이 존재하지 않는다.
④ 항원 B의 2차 침입에 의해 항원 B에 대한 ㉡이 ㉠으로 분화되었다.

---

12 (가) 귓불 모양은 대립형질이 명확한 단일인자 유전이며, 우성과 열성의 분리가 뚜렷하다. 단일인자 유전은 한 쌍의 대립유전자에 의해 결정된다. (나)는 다인자 유전이며 키가 이에 해당한다. 다인자 유전은 우성과 열성 분리가 뚜렷하지 않는 것이 특징이며 여러쌍의 대립유전자에 의해 형질이 결정된다.

13 ① 식물 군집의 수평 분포는 위도에 따른 기온과 강수량의 차이로 나타난다.
② 툰드라는 극지방에 형성되는 생물 군집이다.
③ 두 개체군 중 한쪽은 이익, 한쪽은 손해를 보는 상호작용을 기생이라고 한다.

14 (가)의 ㉠은 항체를 생성하므로 형질 세포이고 ㉡은 기억 세포이다. (나) 그래프에서 항원 B가 2차 침입했을 경우 기억 세포가 형질 세포로 빠르게 분화되어 다량의 항체가 빠르게 생성되는 2차 면역 반응이 일어나게 된다. X는 항원 A를 1차 침입했을 때 2차 면역 반응이 일어났기 때문에 A에 대해서는 노출된 적이 있고, B에 대해서는 노출된 적이 없다. t_1 시점에 X의 체내에는 항원 A에 대한 기억 세포가 존재한다.

15 그림은 어떤 동물(2n=4)의 분열 중인 세포 ㈎와 ㈏에서 관찰되는 염색체 배열과 구성을 각각 나타낸 것이다. 이에 대한 설명으로 옳은 것만을 모두 고르면?

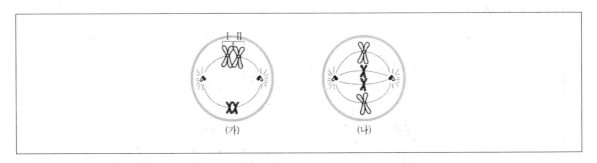

> ㉠ Ⅰ은 Ⅱ의 상동 염색체이다.
> ㉡ ㈎는 체세포 분열 과정에서 관찰된다.
> ㉢ ㈎와 ㈏의 핵상은 모두 2n이다.

① ㉠   ② ㉠, ㉡

③ ㉠, ㉢   ④ ㉡, ㉢

16 다음은 어떤 집안의 유전병 ㈎에 대한 가계도이다. ㈎는 성염색체에 의해 유전되고, ㈎와 정상 형질 간의 구분은 명확하다. 이에 대한 설명으로 옳은 것은? (단, 돌연변이는 고려하지 않는다)

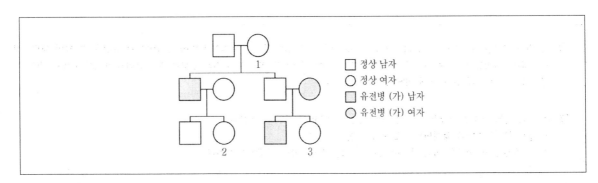

□ 정상 남자
○ 정상 여자
■ 유전병 ㈎ 남자
● 유전병 ㈎ 여자

① ㈎는 정상에 대해 우성 형질이다.

② 1과 2의 ㈎에 대한 유전자형은 서로 다르다.

③ 3의 ㈎에 대한 유전자형은 동형 접합성이다.

④ 3의 남동생이 새로 태어날 때, 이 아이에게서 ㈎가 발현될 확률은 1이다.

17 다음은 핵형이 정상인 남성에게서 생식세포가 형성되는 과정을 나타낸 것이다. 이 과정에서 성염색체의 비분리가 1회 일어났다. 이에 대한 설명으로 옳은 것은? (단, 제시된 염색체 비분리 이외의 다른 돌연변이는 고려하지 않으며, ㉠은 중기의 세포이다)

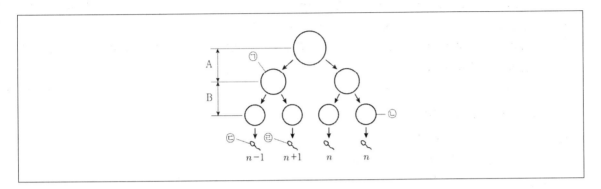

① $\dfrac{㉠의\ 성염색체\ 수}{㉡의\ 성염색체\ 수}=2$이다.

② A에서 상동 염색체의 비분리가 일어났다.

③ ㉠의 상염색체 수와 ㉢의 총 염색체 수는 동일하다.

④ ㉣이 정상 난자와 수정되어 태어난 아이는 다운 증후군의 염색체 이상을 보인다.

---

15 ㈎는 2가 염색체가 존재하므로 감수1분열 중기이고 ㈏는 체세포 분열 중기이다. Ⅰ, Ⅱ는 상동 염색체이다. ㈎와 ㈏의 핵상은 모두 2n이다.

16 정상인 부모 사이에서 유전병인 아이가 태어났으므로 이 병은 열성으로 유전된다. 1, 2, 3은 모두 이형접합 유전자형을 가진다. 3의 남동생은 엄마에게서 무조건 유전병 유전자를 받으므로 ㈎가 발현될 확률이 1이다.

17 비분리가 1회 일어나서 정상적인 핵상을 가지는 생식세포가 형성될 수 있다면 2분열인 B에서 염색분체의 비분리가 일어난 것이다. ㉠의 성염색체는 1개이고, ㉡의 성염색체수도 1이다. ㉠의 상염색체수는 22개이고, ㉢의 총 염색체 수는 22로 동일하다. ㉣은 성염색체를 하나 더 가지므로 ㉣이 정상 난자와 수정되어도 다운 증후군 아이는 될 수 없다. 다운 증후군은 21번 염색체가 3개이어야 한다.

정답 및 해설 **15.③ 16.④ 17.③**

18 다음은 학교 주변의 풀밭에서 방형구법을 이용하여 식물 군집을 조사하는 과정을 나타낸 것이다. 이에 대한 설명으로 옳지 않은 것은?

> ㈎ 조사할 지역에 방형구를 설치한 다음, 방형구 안에서 식물종별로 ㉠개체 수와 점유 면적, 전체 방형구 중 ㉡각 종이 출현하는 방형구의 수를 구한다.
>
> ㈏ ㈎에서 구한 값을 이용하여 각 종의 상대 밀도, 상대 빈도, 상대 피도를 구하고, 이를 토대로 각 종의 ㉢중요치를 계산하여 ㉣우점종을 결정한다.

① ㉠을 이용해 밀도를 구한다.
② ㉡을 이용해 피도를 구한다.
③ ㉢은 상대 밀도, 상대 빈도, 상대 피도를 더한 값이다.
④ ㉣은 ㉢이 가장 높은 종이다.

19 다음은 어떤 지역에서 일어난 식물 군집의 천이 과정을 나타낸 것이다. A~D는 각각 양수림,음수림, 관목림, 초본류 중 하나이다. 이에 대한 설명으로 옳은 것은?

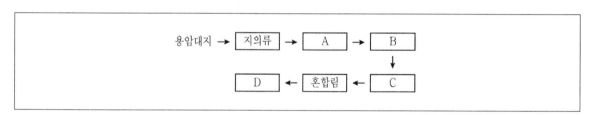

① 1차 천이를 나타낸 것이다.
② B는 초본류이다.
③ C는 주로 참나무로 이루어져 있다.
④ 천이가 진행될수록 지표면에 도달하는 햇빛의 양은 증가한다.

20 (가)와 (나)는 각각 서로 다른 생태계에서 A~D의 에너지양을 상댓값으로 나타낸 생태 피라미드이다. A~D
는 각각 1차 소비자, 2차 소비자, 3차 소비자, 생산자 중 하나이다. 이에 대한 설명으로 옳은 것은?

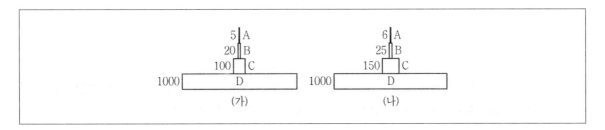

① A는 1차 소비자이다.

② (가)에서 C의 에너지 효율은 20%이다.

③ (가)에서 B의 에너지 효율은 (나)에서 C의 에너지 효율보다 높다.

④ (나)에서 에너지 효율은 상위 영양 단계로 갈수록 감소한다.

18 ㉡을 이용해서 빈도를 구한다. 피도는 전체 면적에 대해 특정 종이 차지하는 면적을 나타내는 값이다.

19 지의류가 개척자인 천이는 건성 1차 천이이다. A는 초본류, B는 관목림, C는 양수림, D는 음수림이다. 양수림의 대표적인
예는 소나무가 있고, 음수림의 대표적인 예는 참나무가 있다. 천이가 진행될수록 지표면에 도달하는 햇빛의 양은 감소한다.

20 A는 3차 소비자, B는 2차 소비자, C는 1차 소비자, D는 생산자이다. (가)에서 C의 에너지 효율은 10%이다. (가)에서 B의 에너
지 효율은 20%, (나)에서 C의 에너지 효율은 15%이므로 (가)에서 B의 에너지 효율이 더 높다. (나)에서 에너지 효율은 상위 영양
단계로 갈수록 증가한다.

정답 및 해설 18.② 19.① 20.③

1 서로 다른 여러 개의 코돈이 동일한 아미노산을 지정할 수 있는데, 만약 하나의 아미노산을 하나의 코돈 만이 지정한다면 일어날 수 없는 돌연변이의 형태를 〈보기〉에서 모두 고른 것은?

───── 〈보기〉 ─────

ㄱ 침묵(silent) 돌연변이
ㄴ 넌센스(nonsense) 돌연변이
ㄷ 틀이동(frame shift) 돌연변이

① ㄱ
② ㄴ
③ ㄱ, ㄷ
④ ㄴ, ㄷ

2 어떤 사람의 혈액과 뇨액을 채취하여 각각 산성도(pH)를 측정한 결과, 혈액의 pH는 7.4이고 뇨액의 pH 는 5.4인 것으로 나타났다. 혈액과 뇨액의 수소 이온(H^+) 농도에 대한 설명으로 가장 옳은 것은?

① 혈액의 수소 이온 농도가 뇨액의 수소 이온 농도보다 100배 높다.
② 혈액의 수소 이온 농도가 뇨액의 수소 이온 농도보다 100배 낮다.
③ 혈액의 수소 이온 농도가 뇨액의 수소 이온 농도보다 2배 높다.
④ 혈액의 수소 이온 농도가 뇨액의 수소 이온 농도보다 2배 낮다.

3 대장균의 DNA 복제 과정 중 지체가닥에서 나타나는 단백질의 기능에 대한 설명으로 옳은 것을 〈보기〉에서 모두 고른 것은?

─────── 〈보기〉 ───────

ⓐ DNA 연결효소(DNA ligase)는 인산이에스테르 결합(phosphodiester bond)을 촉진한다.
ⓑ DNA 프리메이스(DNA primase)는 DNA 프라이머를 만든다.
ⓒ DNA 중합효소 I(DNA polymerase I)은 오카자키 절편 사이의 프라이머를 제거한다.

① ⓐ
② ⓑ
③ ⓐ, ⓑ
④ ⓐ, ⓒ

---

1 하나의 아미노산을 지정하는 코돈은 최소 둘 이상인데, 만약 하나의 아미노산이 하나만 지정할 수 있다면 코돈의 염기 서열이 변하여 지정하고자 하는 아미노산을 지정할 수 없게 된다. 여기서 침묵 돌연변이의 경우에는 유전자가 변해도 아미노산의 변화가 전혀 없어 정상 표현형으로 나타나게 된다. 넌센스 돌연변이는 염기의 변화로 종결코돈으로 바뀌어 단백질 합성이 중단되는 경우이며 틀이동 돌연변이는 하나 또는 두 개의 염기가 삽입되거나 결손되는 것으로 아미노산 서열이 완전히 달라지게 된다. ⓑ과 ⓒ은 돌연변이에 의해 기존 단백질 합성이 어려운 경우로 가능한 돌연변이이지만 ⓐ은 하나의 코돈이 하나의 아미노산만 지정하게 될 경우 불가능해진다.

2 pH란 수소이온 농도를 로그값으로 나타낸 것으로, 값이 1 차이 날 때마다 농도는 10배씩 차이 나게 된다. $-\log$[수소이온]이므로 값이 작을수록 수소 이온의 농도는 높다. 따라서 혈액의 pH는 7.4, 뇨액의 pH는 5.4이므로 두 물질의 pH 차이는 2이다. 즉 수소 이온의 농도는 값이 더 작은 뇨액이 더 높고 농도 차이는 10^2인 100배 차이가 나게 된다.

3 ⓑ DNA 프리메이스는 부모 DNA를 주형으로 이용하여 RNA 프라이머를 합성한다.
지체가닥에서는 불연속적으로 DNA가 합성되므로 DNA 중합효소 I에 의해 끊어진 오카자키 절편사이의 프라이머를 제거해야 하고 끊어진 조각을 DNA 라이게이스에 의해 연결해야 한다.

정답 및 해설 1.① 2.② 3.④

4 세포호흡의 과정 중 미토콘드리아에서 일어나는 과정을 〈보기〉에서 모두 고른 것은?

〈보기〉

   ㉠ 산화적 인산화   ㉡ 피루브산 산화
   ㉢ 해당과정   ㉣ 시트르산 회로

① ㉠, ㉣

② ㉡, ㉢

③ ㉠, ㉡, ㉣

④ ㉠, ㉡, ㉢, ㉣

5 혈중 Na^+ 이온의 농도가 높아지게 될 경우 발생하는 호르몬 변화로 가장 옳지 않은 것은?

① 부신피질에서 코르티솔의 분비가 촉진된다.

② 심방에서 심방성 나트륨이뇨펩티드가 분비된다.

③ 부신피질에서 알도스테론의 분비가 억제된다.

④ 뇌하수체 후엽에서 바소프레신의 분비가 촉진된다.

6 생태계를 구성하는 화학 원소는 생물지구화학적 반응을 통해 지구의 생물권과 비생물권을 순환한다. 〈보기〉에서 인(P)의 생물지구화학적 순환에 대한 설명으로 옳은 것을 모두 고른 것은?

〈보기〉

   ㉠ 생물체에서 아미노산과 당의 주 구성 원소이다.
   ㉡ 생물이 이용할 수 있는 주 형태의 인은 인산염 (PO_4^{3-}) 이다.
   ㉢ 인이 주로 축적되어 있는 저장고는 바다에서 기원한 퇴적암이다.
   ㉣ 육상에서 해양으로 유입된 인은 대기로 증발하여 강수를 통해 다시 육상으로 순환한다.

① ㉠, ㉡   ② ㉠, ㉣

③ ㉡, ㉢   ④ ㉢, ㉣

7 식물의 엽록체에서 일어나는 광합성 과정에 대한 설명으로 가장 옳지 않은 것은?

① 엽록소와 같은 광합성 색소는 주로 녹색 파장의 빛을 흡수함으로써 전자를 방출한다.

② 틸라코이드 공간에서 물 분자의 광분해로 인하여 산소 분자 및 수소 이온과 더불어 전자가 생성된다.

③ 비순환 경로 전자전달계에서 이동되는 전자들은 최종적으로 $NADP^+$ 분자에 흡수된다.

④ ATP 합성효소는 수소 이온의 흐름을 통해 ADP의 인산화 과정을 촉매한다.

4 ⓒ 해당과정은 미토콘드리아로 들어가기 전 세포질에서 일어나는 과정이다.
ⓐⓑⓔ 피루브산 산화 및 시트르산 회로는 미토콘드리아 내부에서 일어나며 산화적 인산화는 미토콘드리아 내막에서 일어난다.

5 ① 코르티솔은 지방이나 단백질을 포도당으로 전환시켜 혈당을 높이는 호르몬으로 나트륨 이온의 변화와는 무관하다.
②③④ 심방에서 펩타이드계 호르몬인 심방성 나트륨이뇨펩타이드가 분비되어 혈중 나트륨 이온의 농도를 낮춘다. 또한 알도스테론은 혈장 내 나트륨 이온의 농도를 높이는 호르몬이므로 이 호르몬의 기능이 억제되고, 뇌하수체 후엽에서는 바소프레신 분비가 촉진되어 체내로 수분 재흡수를 촉진시키는 일이 일어나게 되었을 때 체내 나트륨 이온의 농도가 원래대로 돌아오게 된다.

6 ⓐ 아미노산과 당에는 C, H, O가 공통적으로 들어있고 아미노산에는 N이 추가로 포함되어 있다. 따라서 인(P)과는 무관한 물질이다.
ⓔ 인은 탄소와 질소와는 다르게 대기로는 순환하지 못한다.

7 광합성 색소는 녹색을 반사하고 청자색광을 흡수하여 전자를 방출한다. 녹색으로 보이는 이유는 녹색을 반사하기 때문이다.

정답 및 해설 4.③ 5.① 6.③ 7.①

8 외떡잎식물과 진정쌍떡잎식물의 형질을 비교한 설명으로 가장 옳은 것은?

① 외떡잎식물의 잎맥은 보통 그물맥(망상맥)이고, 진정쌍떡잎식물의 잎맥은 보통 나란히맥(평행맥)이다.

② 외떡잎식물의 뿌리는 보통 끝뿌리(원뿌리)이고, 진정쌍떡잎식물의 뿌리는 보통 수염뿌리(원뿌리가 없음) 이다.

③ 외떡잎식물의 꽃가루는 보통 구멍이 3개이고, 진정쌍떡잎식물의 꽃가루는 보통 구멍이 1개이다.

④ 외떡잎식물의 줄기는 보통 관다발조직이 흩어져 있고, 진정쌍떡잎식물의 줄기는 보통 관다발조직이 고리 모양으로 배열되어 있다.

9 내막계에 해당하지 않는 것은?

① 핵막

② 엽록체

③ 소포체

④ 리소좀

10 혈류의 속도 및 혈압에 대한 설명으로 옳지 않은 것을 〈보기〉에서 모두 고른 것은?

———————— 〈보기〉 ————————

㉠ 동맥이나 정맥에 비해 모세혈관은 혈관의 총면적이 크기 때문에 모세혈관에서의 혈류 속도는 동맥 이나 정맥에서보다 감소한다.

㉡ 혈압은 심실의 수축기와 이완기를 기준으로 측정한다.

㉢ 수축기 혈압은 동맥에서의 혈압이며 이완기 혈압은 정맥에서의 혈압이다.

㉣ 혈압의 항상성 유지를 위해 일산화질소는 혈관 수축을 유도하고 엔도텔린(endothelin)은 혈관 확장 을 유도한다.

① ㉢

② ㉠, ㉡

③ ㉡, ㉢

④ ㉢, ㉣

11 동물의 면역 반응은 선천성 면역(비특이적 방어) 또는 후천성 면역(특이적 방어)으로 나눌 수 있다. 포유 동물의 후천성 면역 반응에 대한 예로 가장 옳은 것은?

① 자연살생세포(natural killer cell)는 병든 세포를 인식하면 화학 물질을 분비하여 제거한다.

② 상처가 나거나 감염 발생 시 유리되는 화학 신호 물질에 의해 염증반응(inflammatory response)이 일어난다.

③ 호중구(neutrophil)는 감염조직에서 나오는 화학 신호 물질을 인식하여 미생물을 파괴한다.

④ 세포독성 T 세포(cytotoxic T cell)는 바이러스에 감염된 체세포나 종양세포를 파괴한다.

---

8 ① 외떡잎 식물의 잎맥은 나란히맥이고 쌍떡잎 식물의 잎맥은 그물맥이다.
    ② 외떡잎 식물의 뿌리는 수염뿌리이고 쌍떡잎 식물의 뿌리는 끝뿌리이다.
    ③ 외떡잎 식물의 꽃가루는 구멍이 1개이고 쌍떡잎 식물의 꽃가루는 구멍이 3개이다.

9 핵막, 소포체, 리소좀, 골지체 등은 내막계에 속하지만, 엽록체는 세포내 공생체로 외막을 두겹 가진다.

10 ⓒ 수축기 혈압은 심실 수축시 혈압이고 이완기 혈압은 심실 이완시 혈압이다.
    ⓔ 일산화질소는 혈관 이완을 유도하고 엔도텔린은 혈관 수축을 유도한다.

11 ① 자연 살생 세포에 의한 면역은 선천성 면역이다.
    ② 염증반응도 비만세포에서 히스타민이 방출되어 혈관 투과성이 증가하는 선천성 면역이다.
    ③ 호중구에 의한 미생물의 파괴는 식균작용으로 선천성 면역이다.

정답 및 해설 8.④ 9.② 10.④ 11.④

12 무척추동물의 분류에 따른 예가 잘못 연결된 것을 〈보기〉에서 모두 고른 것은?

─────────────── 〈보기〉 ───────────────

㉠ 해면동물 - 해파리
㉡ 선형동물 - 지렁이
㉢ 극피동물 - 불가사리
㉣ 절지동물 - 가재
㉤ 연체동물 - 문어

① ㉠, ㉡
② ㉡, ㉢
③ ㉣, ㉤
④ ㉢, ㉣, ㉤

13 어떤 동물은 몸의 색깔을 결정하는 유전자와 날개 크기를 결정하는 유전자를 각각 한 쌍씩 가진다고 한다. 이 동물의 야생형 표현형은 회색 몸과 정상 날개이며, 돌연변이형 표현형은 검은색 몸과 흔적 날개이다. 이 동물을 대상으로 하는 〈보기〉의 유전 교배 실험 결과에 대한 분석을 가장 옳게 한 학생은?

─────────────── 〈보기〉 ───────────────

• 교배 실험 : 야생형 표현형을 나타내는 두 유전자에 대한 이형접합자 암컷과 돌연변이 표현형을 나타내는 두 유전자에 대한 동형접합자 수컷을 교배하여 다음과 같은 자손들을 얻었다.
- 회색 몸과 정상 날개의 자손 : 156개체
- 회색 몸과 흔적 날개의 자손 : 39개체
- 검은색 몸과 정상 날개의 자손 : 41개체
- 검은색 몸과 흔적 날개의 자손 : 164개체

① 갑 학생 : 검은색 몸과 정상 날개를 가지는 자손 개체들이 생성되는 이유는 감수분열 중에 교차가 발생하였기 때문이다.
② 을 학생 : 이 실험의 자손에서 나타나는 재조합 빈도는 0.2%이다.
③ 병 학생 : 몸의 색깔을 결정하는 유전자와 날개 크기를 결정하는 유전자는 서로 다른 염색체 상에 존재한다.
④ 정 학생 : 회색 몸과 정상 날개를 가지는 자손 개체는 두 유전자에 대하여 동형접합자이다.

14 〈보기〉는 선구동물과 후구동물의 배 발생 중 일부를 순서 없이 나타낸 모식도이다. 두 동물의 발생에 대한 설명으로 가장 옳은 것은?

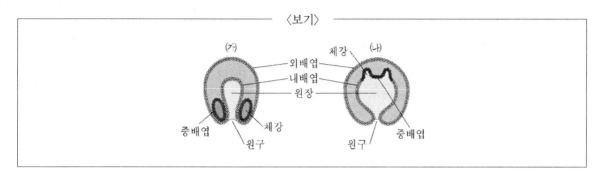

① (가)는 후구동물에 해당한다.

② (나)와 같은 발생을 하는 동물에는 극피동물과 척삭동물이 포함된다.

③ (가)의 원구는 나중에 항문으로 발달한다.

④ (가)와 (나)의 원장은 나중에 동물의 외피를 형성한다.

---

12 해파리는 자포동물이고 지렁이는 환형동물이다.

13 ② 회색몸과 정상날개 자손, 검은색 몸과 흔적 날개 자손만 나올 경우 교차가 일어나지 않았다고 볼 수 있지만, 그 외의 표현형인 개체들이 나온 것으로 보아 교차가 일어났으며 재조합 빈도는 $((39+41)/156+39+41+165) \times 100 ≒ 20\%$이다.
　　③ 몸 색깔 결정 유전자와 날개 크기 결정 유전자는 모두 연관되어 있다.
　　④ 회색 몸과 정상 날개를 가지는 자손 개체는 적어도 하나의 형질에 대한 유전자는 이형접합이다.

14 ① (가)는 선구동물에 해당하고, (나)는 후구동물에 해당한다.
　　③ 선구동물의 원구는 나중에 입으로 발달한다.
　　④ 원장은 부풀어 올라 내배엽 세포가 일부 안쪽으로 떨어져 들어오면서 텅 빈 체강이 형성되고 그 부분에 내장기관들이 놓이게 된다. 따라서 외피를 형성하지는 않는다.

정답 및 해설　12.① 13.① 14.②

15 역전사효소(reverse transcriptase)에 대한 설명으로 옳은 것을 〈보기〉에서 모두 고른 것은?

〈보기〉

⊙ 담배모자이크바이러스가 자신의 RNA 유전물질을 복제하기 위해 사용한다.

⊙ 유전공학적 연구에서 mRNA로부터 cDNA를 클로닝하기 위해 사용된다.

⊙ RNA를 유전물질로 사용하는 코로나바이러스 감염의 PCR 진단 검사를 위해 사용된다.

① ㉠, ㉡

② ㉠, ㉢

③ ㉡, ㉢

④ ㉠, ㉡, ㉢

16 식물 세포는 구조와 기능에 따라 몇 가지 세포 유형으로 구분된다. 〈보기〉에서 주요 식물 세포 유형에 대한 설명으로 옳은 것을 모두 고른 것은?

〈보기〉

㉠ 성숙한 유세포(parenchyma cell)는 유연한 1차벽을 가지며 대부분의 물질대사를 담당한다.

㉡ 성숙한 후벽세포(sclerenchyma cell)는 두꺼운 1차벽을 가지며 지상부 어린 식물의 유연한 지지 기능을 한다.

㉢ 성숙한 후각세포(collenchyma cell) 는 두꺼운 2차벽을 가진 죽은 세포로 식물의 지지 기능을 한다.

㉣ 물과 무기염류를 운반하는 물관요소는 완성된 상태에서는 죽어 있다.

① ㉠, ㉡

② ㉠, ㉣

③ ㉡, ㉢

④ ㉢, ㉣

17 인체의 호흡 조절 과정에 대한 설명으로 옳지 않은 것을 〈보기〉에서 모두 고른 것은?

─────────── 〈보기〉 ───────────

㉠ 폐의 부피 변화를 이용한 음압(negative pressure) 호흡으로 일어난다.

㉡ 불수의적으로 조절되는 호흡에서 갈비 사이근의 수축은 숨을 내쉬는 호식 과정을 일으킨다.

㉢ 주로 혈액 내의 산소 포화도를 pH 변화로 감지하여 호흡의 항상성이 조절된다.

㉣ 뇌척수액의 pH가 낮아진 것이 감지되면 이후 호흡은 증가된다.

① ㉠, ㉡

② ㉠, ㉣

③ ㉡, ㉢

④ ㉢, ㉣

18 그람음성세균에 해당하지 않는 것은?

① 스트렙토마이세스

② 클라미디아

③ 프로테오세균

④ 스피로헤타

---

15 역전사 효소는 RNA정보를 DNA로 옮길 때 필요한 효소로 ㉠에서 담배모자이크바이러스가 자신의 RNA를 복제하기 위해 사용하는 것은 아니다.

16 ㉡ 성숙한 후벽세포는 세포벽이 두껍고 목질화되어 벽공이 있는 세포로 성숙한 후에는 원형질을 잃는 세포이다. 주로 양치나 겉씨 식물에서 볼 수 있다.
㉢ 후각세포는 성숙해도 살아있으며 얇은 1차벽으로 구성되어 유연하며 목질화되어 있지 않아 팽창과 신장이 가능하다.

17 갈비 사이근의 수축은 숨을 들이마시는 흡식 과정을 유발하며 주로 혈액 내의 이산화탄소를 연수에서 감지해 호흡의 항상성이 조절된다.

18 스트렙토마이세스는 그람양성세균이다.

정답 및 해설 15.③ 16.② 17.③ 18.①

19 하디-바인베르크 평형 조건에 부합되는 가상의 한 집단 내에서, 어떤 유전병이 신생아 100명당 한 명꼴로 발생한다고 한다. 이 집단에 대한 설명으로 가장 옳은 것은? (단, 이 유전병은 하나의 유전자 좌위에서 돌연변이 대립유전자에 대해 동형접합성일 경우에만 발생한다.)

① 집단 내에서 돌연변이 대립유전자의 빈도는 1%이다.

② 구성원 중 18%는 보인자이다.

③ 구성원 중 90%는 야생형 대립유전자에 대하여 동형접합성이다.

④ 만일 집단 내에 돌연변이 대립유전자 빈도가 기존 빈도의 1/10로 감소하게 된다면, 열성 유전병의 발생 빈도는 1,000명당 한 명꼴로 나타나게 될 것이다.

20 속씨식물의 기공 개폐 조절은 다양한 기작에 의해 조절된다. 〈보기〉에서 기공 개폐 조절에 대한 설명으로 옳은 것을 모두 고른 것은?

〈보기〉

㉠ 주변 표피세포에서 공변세포로 K^+이 유입되면 기공이 닫힌다.

㉡ 공변세포에서 원형질막의 양성자 펌프가 활성화되면 기공이 열린다.

㉢ 일주기성 리듬은 기공의 개폐를 조절하는 신호 중 하나이다.

㉣ 식물 호르몬인 앱시스산(abscisic acid)은 기공의 열림을 촉진한다.

① ㉠, ㉡   ② ㉠, ㉣

③ ㉡, ㉢   ④ ㉢, ㉣

19 q^2이 0.01이므로 q=0.1, p=0.9이다. 즉 돌연변이 대립유전자 빈도는 0.1이고 보인자는 2pq이므로 18%이다. 야생형 대립유전자에 대해 동형접합성은 p^2으로 0.81이다. 돌연변이 대립유전자 빈도가 기존의 1/10로 감소하게 된다면 열성 유전병 발생 빈도는 10,000명당 한 명의 꼴로 나타나게 된다.

20 ㉠ 기공이 열리는 것은 칼륨이 대량으로 공변세포로 모여들게 되면 가능하다.
㉣ 앱시스산은 기공의 닫힘을 촉진하는 호르몬이다.

정답 및 해설 19.② 20.③

1 서로 다른 두 원핵세포 간에 DNA를 전달하는 방식에 해당하지 않는 것은?

① 형질 전환(transformation)

② 형질 도입(transduction)

③ 형질 주입(transfection)

④ 접합(conjugation)

2 〈보기〉의 세포 골격을 나타내는 모식도에 대한 설명으로 가장 옳은 것은?

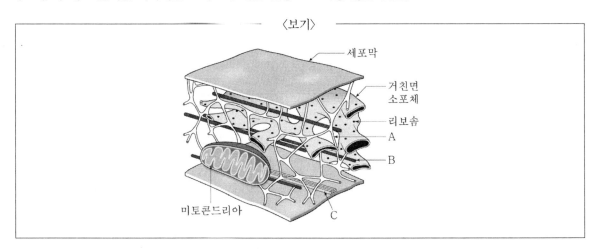

① 중심립은 A로 구성되어 있다.

② B는 구형단백질인 액틴으로 구성되고 모든 진핵세포에서 관찰된다.

③ C는 섬모, 편모 등을 구성하며 염색체나 세포 소기관의 이동에 관여한다.

④ B와 C는 모든 진핵세포에서 지름이 거의 일정하며 구성성분 또한 일정하다.

3 〈보기〉와 같이 자엽초를 이용해 식물의 특정 호르몬을 확인하는 실험을 수행하였다. 실험 결과에 대한 설명으로 가장 옳은 것은? (단, 실험은 빛이 차단된 암소에서 진행되었다.)

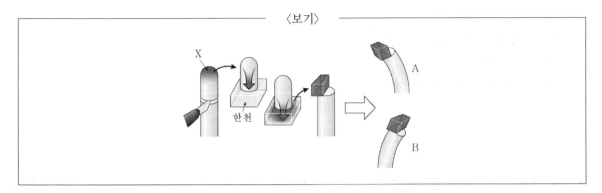

① X는 지베렐린으로 줄기 신장과 꽃가루 발달을 촉진한다. 따라서 A처럼 자랄 것이다.
② X는 에틸렌으로 어린 식물에서 줄기의 신장을 억제한다. 따라서 A처럼 자랄 것이다.
③ X는 옥신으로 낮은 농도에서 줄기의 신장을 촉진한다. 따라서 B처럼 자랄 것이다.
④ X는 시토키닌으로 뿌리의 생장과 정단우성을 조절한다. 따라서 B처럼 자랄 것이다.

---

1 ③ 바이러스 핵산이나 플라스미드를 진핵세포에 도입하는 것을 의미한다.
　① 세균이 주변에 있는 DNA를 획득하는 것을 의미한다.
　② 바이러스에 의해 세균에서 다른 세균으로 DNA가 옮겨지는 것을 의미한다.
　④ 세균의 세포질이 연결되면서 DNA가 복제되어 다른 세포로 전달된 후 수용세포에서 재조합을 통해 염색체를 형성하는 것을 의미한다.

2 A : 중간섬유, B : 미세소관, C : 미세섬유
　미세섬유와 미세소관은 각각 액틴 단백질과 튜불린 단백질로 구성되어 있다.
　① 중심립은 미세소관으로 구성되어 있다.
　② 액틴을 구성하는 것은 미세섬유로 이는 거의 모든 진핵세포의 일부분을 차지한다.
　③ 편모와 섬모는 미세소관으로 구성되어 있다. 미세소관은 세포소기관과 염색체, 물질의 이동에 관여한다.

3 옥신은 빛의 반대방향으로 이동 후 중력 방향으로 이동해 세포 생장을 촉진시키는 식물 호르몬이다. 한천이 있는 아래 방향으로 옥신이 이동해 한천이 있는 쪽의 줄기 생장이 촉진되어 세포 크기가 커지므로 식물은 B처럼 휘어 자란다.

정답 및 해설 1.③　2.④　3.③

4 사람 세포는 약 20,000개의 유전자를 가지고 있으나 75,000~100,000개 정도의 서로 다른 단백질이 세포에서 생산된다. 이러한 현상에 가장 큰 역할을 하는 세포 내 현상으로 가장 옳은 것은?

① 대체 RNA 스플라이싱(alternative RNA splicing)
② 엑손셔플링(exon shuffling)
③ RNA 편집(RNA editing)
④ 틀이동 돌연변이(frameshift mutation)

5 신장(콩팥)의 사구체는 혈액을 여과시키는 역할을 하는 기관으로 혈액 내 물과 전해질, 노폐물을 분비시키는 기능을 한다. 사구체를 구성하는 세포의 종류와 이와 유사한 기관을 옳게 짝지은 것은?

① 단층편평상피세포 – 폐의 폐포
② 단층원주상피세포 – 위장의 내벽
③ 단층입방상피세포 – 신장의 세뇨관
④ 거짓다층섬모원주상피세포 – 호흡기 기관지

6 사춘기가 막 시작된 소년이 사고로 뇌하수체의 전엽에 손상을 입었다. 소년의 황체형성호르몬(LH)은 정상 수치이나 난포자극호르몬(FSH)의 수치는 매우 낮다. 이 소년이 성년이 되었을 때 일어날 수 있는 가능성에 대한 설명으로 가장 옳은 것은?

① 정자 생산이 안 되어 불임이 될 것이다.
② 고환에서 테스토스테론을 만들지 않을 것이다.
③ 2차 성징이 일어나지 않을 것이다.
④ 성적 흥분이 일어나지 않을 것이다.

7 물질대사 경로가 〈보기〉와 같을 때, F와 H의 농도가 매우 높다면 세포에서 가장 우세하게 나타나는 반응은?

〈보기〉

1) A는 B 또는 C로 전환된다.
2) B는 D로 전환된다.
3) D는 E 또는 G로 전환된다.
4) E는 F로 전환된다.
5) G는 H로 전환된다.
6) D는 A가 B로 전환되는 과정을 억제한다.
7) F는 D가 E로 전환되는 과정을 억제한다.
8) H는 D가 G로 전환되는 과정을 억제한다.

① A로부터 B가 전환되는 반응
② B로부터 D가 전환되는 반응
③ A로부터 C가 전환되는 반응
④ D로부터 E가 전환되는 반응

---

4 유전자 발현 동안에 한 개 유전자에서 다양한 단백질을 생성함으로써 결과적으로 유전자 발현 조절을 유발한다.
② 서로 다른 유전자간 교차로 엑손의 다양한 조합으로 형성된 유전자가 생성되는 것이다.
③ 전사 이후 특정 암호화된 정보를 바꾸는 과정이다. RNA 분자 내 뉴클레오타이드 결실, 삽입, 염기 치환을 이용해 진행된다.
④ DNA에 3의 배수가 아닌 소수 염기가 결실 또는 삽입되면서 이 유전정보가 아미노산으로 번역될 때 전혀 다른 배열로 나타나는 돌연변이를 뜻한다.

5 사구체는 단층편평상피로 구성되어 있다. 단층편평상피는 매우 얇아 물질 이동에 용이한 구조로 확산과 여과가 일어날 수 있어 심장과 혈관, 폐의 폐포 등이 이러한 형태의 세포로 구성되어 있다.
②③④ 각 기관과 세포의 연결은 옳게 되었으나 문제에서 제시한 사구체를 구성하는 세포와 다른 세포들이므로 오답이다.

6 남성의 고환의 정소 세포를 자극해 정자 형성에 중요한 안드로겐 결합 단백질을 많이 만들도록 유도하는 호르몬이므로 FSH가 낮게 유지될 경우 정자 형성이 어려워진다.

7 • F가 높을 경우 : D가 E로 전환이 억제되어 D의 양이 많게 유지되며 D는 A가 B로 전환되는 과정을 억제하므로 A의 양이 많게 된다. A는 B 또는 C로 전환된다.
• H가 높을 경우 : D의 양이 많게 유지되므로 같은 과정이 일어나 A는 B 또는 C로 전환되는데 B로 전환될 경우 D의 양이 많아져 E 또는 G의 양이 많아지고 F와 G가 많아지며 결국 원래 반응의 연쇄작용이 일어나고 A가 C로 전환 될 경우 반응이 종결된다.
따라서 A로부터 C로 전환되는 반응이 우세해진다.

정답 및 해설 4.① 5.① 6.① 7.③

8 tRNA 내에 존재하는 안티코돈(anticodon)은 mRNA의 코돈(codon)과 염기쌍결합을 이루어 단백질 번역에 관여한다. 특히 이노신(inosine, I)이 tRNA의 안티코돈에 존재할 경우, 코돈과 다양한 염기쌍결합이 가능하다. 만약 tRNA가 안티코돈 5′—ICC—3′을 가지고 있을 경우, mRNA에 존재하는 코돈 중 결합을 하지 못하는 코돈은?

① 5′–GGU–3′

② 5′–GGG–3′

③ 5′–GGA–3′

④ 5′–GGC–3′

9 동물의 많은 세포들이 조직, 기관, 기관계를 구성한다. 이때 이웃하는 세포들 간에는 특정 부위에서 직접적인 물리적 접촉을 통해 부착하고, 상호작용하며, 교신한다. 동물세포에서 관찰되는 연접에 대한 설명으로 가장 옳지 않은 것은?

① 밀착연접(tight junctions) : 세포 주변을 연속적으로 밀봉함으로써 세포의 용액이 표피세포를 가로질러 빠져나가는 것을 막는다.

② 데스모솜(desmosome) : 고정시키는 못처럼 작용하여 세포를 조인다. 중간섬유는 단단한 케라틴 단백질로 되어 있다.

③ 간극연접(gap junctions) : 인접한 세포 간에 세포질 통로를 제공해 준다. 구멍을 둘러싸고 있는 특정막 단백질로 구성되어 있다.

④ 원형질연락사(plasmodesmata) : 인접한세포의 원형질막이 이 구조를 통해 서로 연결되어 있다.

10 생체 내 항체의 다양성을 증가시키는 요인에 해당하지 않는 것은?

① V, D, J, C로 불리는 조각유전자의 재구성을 통한 DNA 재배열(DNA rearrangement)

② 체세포 과돌연변이(somatic hypermutation)

③ 수십여 종의 다양한 V, D 조각유전자의 존재

④ 항체를 생성하는 B세포 일부가 기억 B세포로 분화

11 〈보기〉의 기투 모식도를 참고하여 생물군계를 설명한 것으로 가장 옳지 않은 것은? (단, 지역 간 이입과 이출은 없다고 가정한다.)

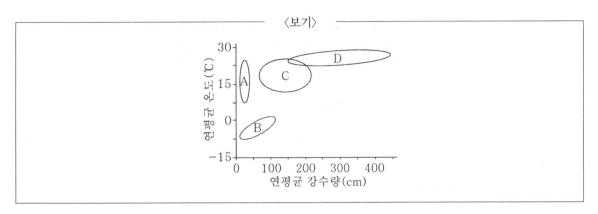

① A 지역은 기온의 일교차가 큰 편이며 선인장과 전갈 등이 대표서식 생물군이다.

② B 지역의 대표적 특징은 영구동토층이며 작은 관목, 이끼류, 지의류 등이 주로 분포한다.

③ C 지역은 강가와 시냇가를 제외하고는 거의 나무가 없어서 새들은 주로 땅에 둥지를 튼다.

④ D 지역은 다른 지역에 비해 복잡한 생물군계를 나타낸다.

---

8 코돈에 안티코돈이 결합하며 번역이 시작되는데, 코돈은 64개이고 이 코돈들에 대해 모두 형태가 다른 tRNA를 생성하는 것은 어려우므로 변형염기가 이 기능을 하게 된다. 대표적인 예가 이노신이다. 이노신은 A, U, C와는 결합할 수 있으나 G와는 결합할 수 없다.

9 원형질연락사는 식물 세포에서 일어나는 세포간 상호작용의 예이다.

10 항체의 다양성을 증가시키는 방법으로는 중쇄 유전자의 VDJ 재배열, 경쇄 유전자의 VJ 재배열, P첨가, N첨가 등이 있다. B세포 일부가 기억세포로 분화하는 것은 2차 면역반응을 유도하기 위한 반응이다.

11 C 지역은 강수량도 적당하고 온도도 적당해 나무가 많이 자랄 수 있다.

정답 및 해설 8.② 9.④ 10.④ 11.③

12 〈보기 1〉에 제시된 순환계에 대한 〈보기 2〉의 설명으로 옳은 것을 모두 고른 것은?

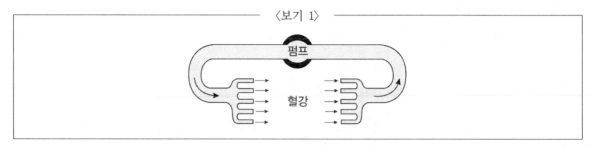

〈보기 2〉

　　㉠ 낮은 유압을 유지해도 되므로 에너지가 절약된다.
　　㉡ 모세혈관망을 형성해야 하기 때문에 순환계의 형성 및 유지가 어렵다.
　　㉢ 혈액을 순환시키는 유압이 높아 운동성이 높은 오징어에 적합하다.
　　㉣ 거미는 이 순환계에서 생긴 유압을 이용하여 다리를 빠른 속도로 펼 수 있다.

① ㉠㉡
② ㉠㉣
③ ㉡㉢
④ ㉡㉣

13 〈보기〉의 빈칸에 들어갈 단어를 순서대로 바르게 나열한 것은?

〈보기〉

　　프로테아좀(proteasome)은 깡통처럼 생긴 거대한 단백질 복합체로서, 스트레스에 의해 변형된 단백질 또는 쓸모없는 단백질을 제거하는 기능을 담당한다. 프로테아좀의 공격 대상이 되는 단백질에 존재하는 특정 아미노산인 ___㉠___ 이 작은 단백질인 ___㉡___ 에 의해 표지된다. 그 후 표지된 단백질은 프로테아좀에 의해 분해된다.

① 리신(lysine), 유비퀴틴(ubiquitin)
② 글리신(glycine), 유비퀴틴(ubiquitin)
③ 리신(lysine), 열충격 단백질(heat-shock proteins)
④ 글리신(glycine), 열충격 단백질(heat-shock proteins)

14 원발암유전자(proto-oncogene)에 대한 설명으로 가장 옳은 것은?

① 정상세포에 존재하지 않는다.

② 암세포의 증식 속도를 늦춘다.

③ 과도한 활성을 가진 성장인자 단백질을 만드는 유전자이다.

④ 세포분열과 성장을 조절하는 유전자이다.

---

12 〈보기 1〉은 개방 혈관계에 대한 그림으로, 이는 연체동물의 절지동물에서 주로 관찰되며 낮은 유압을 형성하므로 에너지를 절약할 수 있다는 장점이 있다. 또한 모세혈관이 없으므로 동맥을 흐르던 혈림프가 조직으로 직접 유출된다.

13 유비퀴틴이 붙은 단백질은 프로테아좀에 의해 분해되는데, 유비퀴틴의 C쪽 말단 도메인의 글라이신이 기질 단백질 라이신의 곁사슬에 결합함으로서 기질과 결합하게 된다.

14 원발암유전자의 돌연변이에 의해 종양유전자(oncogene)가 생긴다. 원발암유전자는 정상세포의 성장과 증식과 분화에 관여하는 유전자로, 이 유전자의 단백질 산물은 정상세포 증식신호 전달 과정에서 성장인자, 세포주기 조절인자 등의 역할을 한다.

정답 및 해설 12.② 13.① 14.④

15 어두울 때 간상세포에서 나타나는 현상으로 가장 옳은 것은?

① 로돕신이 활성화된다.

② 글루탐산이 분비된다.

③ 과분극 된다.

④ Na^+ 통로가 닫힌다.

16 세포의 신호물질인 리간드(ligand)가 수용체에 결합하면, 2차 신호전달자(second messenger)라고 불리는 물질을 통해 외부신호가 세포 내로 확산될 수 있다. 2차 신호전달자에 해당하지 않는 것은?

① 고리형 AMP(cyclic AMP)

② G 단백질(G protein)

③ 칼슘 이온(Ca^{2+})

④ 고리형 GMP(cyclic GMP)

17 〈보기〉의 항체와 T 세포 수용체를 나타낸 모식도에 대한 설명으로 가장 옳은 것은?

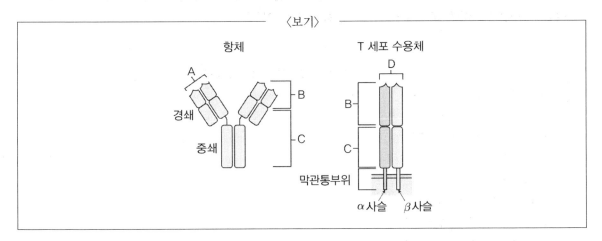

① A와 D는 모두 항원이 결합하는 부위로 특히 A는 주조직적합성복합체(MHC) 분자에 의해 제시된 항원만을 인식한다.

② 항체의 B와 C의 연결부위가 절단되면 2개의 Fab와 1개의 Fc로 분리된다.

③ C 부위는 항원과 결합하지 않기 때문에 A, B에 비해 상대적으로 변이가 적은 부위에 속한다.

④ 미성숙 T 세포와 달리 성숙된 T 세포는 항체와 유사한 방식으로 수용체를 분비한다.

---

15 어두울 때 간상세포의 탈분극 상태가 형성되는데, 이 때 높은 농도의 cGMP가 나트륨 채널을 열게 되며 세포가 탈분극 되고 글루탐산을 내보내게 된다.

16 G 단백질은 세포 바깥에서 발생한 화학적 신호를 내부로 전달하는 역할을 한다.
  ※ **2차 전달자의 종류** … 고리형 AMP(cAMP), 고리형 GMP(cGMP), 칼슘 이온, 다이아실 글리세롤(DAG), 이노시톨 3인산 (IP$_3$)

17 ① MHC 단백질의 도움을 받아 숙주세포에 제시된 항원 조각에만 결합하는 것은 T세포 수용체에 대한 설명이다.
  ② 파파인에 의해 중쇄와 경쇄 연결 부분이 절단되었을 때는 Fab 2개와 Fc 1개로 분해되지만, B와 C연결 부위인 경쇄 부분 절단 시 Fab가 V$_L$, V$_H$, C$_H$1, C$_L$로 분해된다.

정답 및 해설 15.② 16.② 17.③

18 〈보기〉는 16개의 염기를 가진 인위적인 mRNA를 이용하여 단백질 합성 실험을 시행한 후, 그중 일부를 분석한 내용이다. 이에 대한 설명으로 가장 옳지 않은 것은?

〈보기〉

$$5'-AAAAAAUUUUGGGUUG-3'$$

펩타이드 1 : Lys—Lys—Phe—Trp—Val

펩타이드 2 : Lys—Asn—Phe—Gly—Leu

펩타이드 3 : Lys—Ile—Leu—Gly

① Asn을 지정하는 코돈(codon)은 AAU이다.

② Leu를 지정하는 코돈(codon)은 UUG이다.

③ 펩타이드 3은 세 번째 염기부터 번역된 것으로 볼 수 있다.

④ DNA 염기서열은 5′—TTTTTTAAAACCCAAC—3′이다.

19 해당과정(glycolysis)에 대한 설명으로 가장 옳지 않은 것은?

① 포도당 1분자는 2분자의 피루브산으로 산화된다.

② 해당 결과 포도당 1분자당 ATP와 NADH가 각각 2분자씩 생성된다.

③ 어떤 탄소도 이산화탄소로 방출되지 않는다.

④ 산소에 의존적으로 일어난다.

20 〈보기 1〉은 몇몇 생물종의 학명을 나타낸 것이다. 〈보기 2〉 학명에 대한 설명 중 옳은 것을 모두 고른 것은?

─────────────── 〈보기 1〉 ───────────────

생물종	학명
인간	*Homo sapiens* Linnaeus
산검양옻나무	*Rhus sylvestris* Siebold & Zucc.
국수나무	*Spiraea incisa* Thunb.
덤불조팝나무	*Spiraea sylvestris* Nakai

─────────────── 〈보기 2〉 ───────────────

㉠ 만약 같은 글에서 속명이 여러 번 이용된다면 인간은 <u>Homo sapiens</u>로 표기한다.
㉡ 산검양옻나무의 학명은 삼명법 표기방식으로 Siebold는 아종명을, Zucc.는 명명자를 나타낸다.
㉢ 산검양옻나무와 덤불조팝나무는 서로 다른 종이다.
㉣ 국수나무는 산검양옻나무보다 덤불조팝나무와 더 가까운 유연관계를 갖는다.

① ㉠㉡
② ㉠㉢
③ ㉡㉣
④ ㉢㉣

---

18 DNA 염기 서열을 5′→3′ 방향으로 나열하면 5′-CAACCCAAAATTTTTT-3′이다.

19 해당과정은 세포질에서 포도당 1분자를 2분자의 피루브산으로 분해하는 과정으로, 산소가 없이도 일어나는 과정이다.

20 ㉢ 산검양옻나무와 더불조팝나무는 속은 같지만 종명이 다르므로 다른 종이다.
　　㉣ 국수나무는 덤불조팝나무와 같은 속에 속하므로 유연관계가 가장 가깝다.
　　㉠ 학명이 반복해 나온다면 속명을 축약해 쓸 수 있다. *H. sapiens*라고 쓰면 된다.
　　㉡ 이명법 표기방식으로 *Rhus*는 속명, *sylvestris*는 종명, Siebold & Zucc.은 명명자를 뜻한다.

정답 및 해설 18.④ 19.④ 20.④

1 시스-트랜스 이성질체(cis-terzs isomer)에 대한 설명으로 가장 적절한 것은?

① 구성 원소들 사이의 공유결합 배열이 다른 것이다.

② 탄소와 원자들 사이의 공유결합 위치는 동일하지만 회전이 제한된 이중결합을 중심으로 그 공간적 배열이 달라진 것이다.

③ 하나의 탄소 원자에 4가지 서로 다른 원소가 부착된 비대칭탄소의 존재로 인하여 서로 거울에 비친 상이 되는 구조를 나타낸다.

④ 동일 원소를 이루고 있는 다른 원자들보다 더 많은 중성자를 가지고 있어 보다 큰 질량을 갖는다.

2 〈보기〉의 생물학적 중 개념에 대한 설명으로 가장 옳지 않은 것은?

───── 〈보기〉 ─────

1942년 진화생물학자인 마이어(Ernst Mayr)는 종을 "다른 집단과 생식적으로 격리되어 있으며 실제 또는 잠재적으로 번식을 할 수 있는 자연 집단"으로 정의하였다. 즉, 생물학적 종은 서로 교배를 통하여 번식 가능한 자손을 생산하는 집단으로 구성된다.

① 생식세포 융합의 차단은 접합 전 격리기작에 해당한다.

② 집단이 교배를 통하여 번식 가능한 자손을 생산할 수 없는 경우에는 생식적으로 격리되었다고 한다.

③ 종 사이의 구별이 자연선택에 의해 유지된다.

④ 잡종 성체의 생식 불가능은 접합 후 격리기작에 해당한다.

3 자율신경계의 교감신경과 부교감신경은 일반적으로 서로 길항작용을 통하여 신체기관의 기능을 조절한다. 〈보기〉의 부교감신경계에 의한 활성화 경로 중 표적 기관에 길항작용 대신 원활한 기능을 위한 보조적인 역할을 하는 경로로 가장 옳은 것은?

〈보기〉

㉠ 동공의 축소
㉡ 생식기의 발기 촉진
㉢ 위와 소화관의 활성 촉진
㉣ 심장박동의 감소

① ㉠　　　　　　　　　　　　　　② ㉡
③ ㉢　　　　　　　　　　　　　　④ ㉣

---

1 이성질체는 구조 이성질체와 입체 이성질체로 나눠지며 입체 이성질체는 부분입체 이성질체와 거울상 이성질체로 나눠지며 부분입체 이성질체에 속하는 기하 이성질체(시스트랜스 이성질체)는 회전할 수 없는 이중 결합을 포함하므로 회전이 제한된다.
① 구조 이성질체에 대한 설명이다.
③ 거울상 이성질체에 대한 설명이다.
④ 동위원소에 대한 설명이다

2 종은 형태학적 종, 생물학적 종, 진화학적 종의 3가지 개념으로 구분된다. 종은 폐쇄된 유전자군을 가지는 것을 의미하므로 ③이 가장 거리가 멀다.

3 발기는 부교감신경에 의해 일어나지만 사정은 교감신경에 의해 일어나므로 이는 길항적 작용이 아닌 사정이 원활히 일어나기 위해 보조적으로 일어나는 역할이다.

정답 및 해설 1.② 2.③ 3.②

4 〈보기〉의 해당과정에 대한 설명에서에 ㉠〜㉣ 해당하는 물질을 순서대로 바르게 나열한 것은?

─────── 〈보기〉 ───────

해당과정에서 포도당이 6탄당 인산화 효소에 의해 포도당 6-인산이 되고, 이는 포도당인산 이성질화 효소에 의해 과당 6-인산으로 변경된다. 다음 단계에서 과당 1,6-2 인산이 알도레이스에 의해 글리세르알데하이드 3-인산으로 분리되고, 5단계 반응을 거치면서 (㉠) → (㉡) → (㉢) → (㉣)의 물질로 전환된 후에 ㉣은 최종적으로 피루브산의 형태가 된다.

① ㉠ 1,3-비스포스포글리세르산   ㉡ 3-포스포글리세르산
　 ㉢ 2-포스포글리세르산   ㉣ 포스포에놀피루브산
② ㉠ 1,3-비스포스포글리세르산   ㉡ 2-포스포글리세르산
　 ㉢ 3-포스포글리세르산   ㉣ 포스포에놀피루브산
③ ㉠ 포스포에놀피루브산   ㉡ 1,3-비스포스포글라세르안
　 ㉢ 3-포스포글리세르산   ㉣ 2-포스포글리세르산
④ ㉠ 2-포스포글리세르산   ㉡ 3-포스포글리세르산
　 ㉢ 포스포에놀피루브산   ㉣ 1,3-비생상글라세르산

5 광합성에서 광계 II(photosystem II)에 대한 설명으로 가장 옳지 않은 것은?

① 색소들이 빛을 흡수하여 반응중심의 엽록소 a로 에너지를 운반한다.
② 2개의 물분자 (H_2O)로 부터 4개의 전자가 방출되고 최종적으로 엽록소 a는 이 전자를 포획한다.
③ ATP 합성효소에 의해 ATP가 생산된다.
④ 전자를 $NADP^+$ 분자로 보내 NADPH를 생성한다.

6 옥시토신 분비의 증가를 가장 직접적으로 초래하는 자극은?

① 프로스타글란딘의 감소

② 자궁경부 벽의 확장

③ 프로락틴 수준의 증가

④ 혈청 삼투질 농도의 증가

7 다양한 화학 반응을 매개하는 효소 중 단백질 효소가 갖고 있는 특징으로 가장 옳지 않은 것은?

① 효소마다 반응에 최적인 온도와 특정 pH에서 가장 높은 활성을 갖는다.

② 효소는 반응물(기질)과 생성물의 자유에너지 차이를 변화시켜 반응을 촉진시킨다.

③ 효소의 활성 부위는 기질의 모양에 맞도록 변화할 수 있다.

④ 일정한 양의 효소가 반응물(기질)을 생성물로 변화시키는 반응속도는 부분적으로 기질의 농도와 관련이 있다.

---

4 글리세르알데하이드 3인산 탈수소효소에 의해 NADH가 생성되며 1,3-글리세르산 이인산으로 바뀐 후, 인산글리세르산 인산화효소에 의해 ATP가 생성되며 3-인산글리세르산으로 바뀐다. 이후 인산글리세르산 이성화효소에 의해 2-인산글리세르산으로 바뀐다. 에놀레이스에 의해 포스포에놀피루브산(PEP)로 바뀌며 이후 피루브산 인산화효소에 의해 ATP가 생성되고 마지막으로 피루브산이 만들어진다.

5 ④는 광계 I 에서 일어난다.

6 옥시토신은 출산이 시작되면 태아가 자궁 밖으로 나오도록 유도하는 호르몬으로 양성 피드백에 의해 자궁경부 벽이 확장되면 직접적으로 분비가 촉진되어 출산이 일어난다.

7 효소를 이용해도 반응물과 생성물 사이의 에너지 차이는 없으며, 반응에 필요한 최소한의 에너지인 활성화 에너지를 변화시켜 반응 속도를 조절한다.

정답 및 해설 4.① 5.④ 6.② 7.②

8 〈보기 1〉은 나무의 뿌리에서 물이 흡수되어 물관까지 도달하는 경로를 나타낸 것이다. 식물체에서 물의 이동이 증산작용에 의해서만 시작된다고 가정할 때, 〈보기 2〉의 설명 중 옳은 것을 모두 고른 것은?

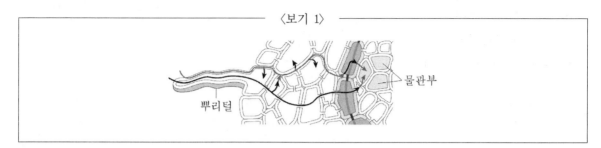

〈보기 1〉

물관부

뿌리털

〈보기 2〉

㉠ 물관부를 통한 물의 이동에 물의 응집력이 관여한다.
㉡ 뿌리털 세포가 뿌리 물관부 안보다 수분 포텐셜이 크다.
㉢ 뿌리 물관부 안이 잎의 물관부 안보다 수분 포텐셜이 작다.
㉣ 잎에서 기공이 닫혀 있는 시간이 길수록 물관부를 통한 물의 이동이 촉진된다.

① ㉠, ㉡   ② ㉠, ㉢
③ ㉡, ㉣   ④ ㉢, ㉣

9 균류에 대한 설명으로 가장 옳지 않은 것은?

① 흡수에 의해 영양분을 섭취하는 종속영양생물이다.
② 모두 공생 관계를 유지하여 영양물질을 순환시키는 데 기여하고 있다.
③ 유성 생식 혹은 무성 생식 생활사를 통해 포자를 형성 한다.
④ 단세포의 수생편모 원생생물에서 유래하였다.

10 동물의 계통 분류는 분자생물학적 특징과 형태적 자료에 의하여 구분할 수 있다. 진화과정에서 〈보기〉의 계통수 설명을 상위계통에서 하위계통의 순서대로 바르게 나열한 것은?

〈보기〉

ㄱ 등뼈가 있는 척추동물

ㄴ 척삭을 가지며 등쪽에 속이 빈 신경삭이 있는 척삭동물

ㄷ 팔다리가 있는 사지류

ㄹ 턱이 있는 유악류

ㅁ 젖을 만들고 털이 있는 포유류

ㅂ 육지 환경에 적응된 알을 갖는 양막류

---

① ㄴ - ㄱ - ㄹ - ㄷ - ㅂ - ㅁ

② ㄱ - ㄴ - ㄷ - ㄹ - ㅁ - ㅂ

③ ㄴ - ㄷ - ㄱ - ㄹ - ㅂ - ㅁ

④ ㄱ - ㄴ - ㄹ - ㄷ - ㅂ - ㅁ

---

8 식물 잎의 기공에서 수증기가 빠져나가게 되면 그로 인해 뿌리에서 수분 흡수가 촉진되며 뿌리 물관부 안이 잎의 물관부 안보다 수분 포텐셜이 높아야 뿌리에서 잎의 물관쪽으로 물이 이동할 수 있으므로 ㄷ은 오답이다. 잎에서 기공이 닫혀 있는 시간이 짧아 증산작용이 활발해야 물관부를 통해 물이 더 많이 이동하므로 ㄹ도 오답이다.

9 균류는 동물과 식물의 사체 등을 영양분으로 섭취해 생활하는 종속영양생물로 변형체가 고착해 포자낭이 되고 그 속에서 포자가 생겨 발아하며 유주자가 된다. 유주자가 접합한 후 분열해 변형체를 형성하는 방식으로 생식이 일어나므로 유성 생식 혹은 무성 생식 생활사를 통해 포자를 형성한다. 예시로는 털먼지곰팡이, 자주먼지곰팡이 등이 있으며 분해자, 기생자, 상리공생자로서의 생태계 역할을 도맡고 있다. 따라서 모든 생물과 공생관계를 맺는 것은 아니다.

10 척삭동물 문〉척추동물 아문〉유악하문〉사지상강〉양막류〉포유류 순으로 분류된다.

정답 및 해설 8.① 9.② 10.①

11 〈보기 1〉은 일반적인 세포 분열 중인 어떤 동물의 체세포에서 교차가 일어나기 전 상태에 있는 한 쌍의 상동 염색체를 나타낸 것이다. 이에 대한 〈보기 2〉의 설명 중 옳은 것을 모두 고른 것은?

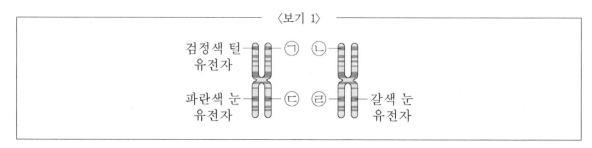

〈보기 2〉

㉠ ㉠은 털 색이 아닌 다른 형질에 대한 유전자이다.
㉡ ㉡은 털 색에 대한 유전자이다.
㉢ ㉢은 갈색 눈 유전자이고, ㉣은 파란색 눈 유전자이다.
㉣ 교차가 일어나지 않는다면 ㉠과 ㉣은 같은 생식 세포로 들어가지 않는다.

① ㉠, ㉡ ② ㉠, ㉢
③ ㉡, ㉣ ④ ㉢, ㉣

12 멘델이 완두의 변종을 교배하여 품종 간 차이가 어떻게 유전되었는지를 연구하였을 때 사용한 7가지 형질에 해당하지 않는 것은?

① 종자 색 ② 종자 모양
③ 꽃 색 ④ 꽃 모양

13 속씨식물의 생활사를 조사해보면 염색체 수가 n, 2n, 3n 상태를 갖고 있는 세포들이 관찰된다. 염색체 수의 크기를 순서대로 바르게 나열한 것은?

① 접합자 = 대포자낭 > 배젖 > 소포자 = 알세포
② 대포자낭 > 접합자 > 배젖 = 소포자 = 알세포
③ 배젖 > 접합자 = 대포자낭 > 소포자 = 알세포
④ 소포자 = 배젖 > 대포자낭 > 접합자 = 알세포

14 프리온(prion)과 바이로이드(viroid)에 대한 설명으로 가장 옳지 않은 것은?

① 프리온과 바이로이드는 모두 바이러스보다 작은 감염성 입자이다.
② 소해면상뇌증(bovine spongiform encephalopathy, BSE)은 프리온에 의해 발병한다.
③ 성숙한 바이로이드는 원형질연락사를 통해 식물의 한 세포에서 다른 세포로 이동한다.
④ 바이로이드는 외피가 있는 RNA분자이다.

---

11 ㉠은 검정색 털 유전자가 복제되어 같은 유전자를 가진다. ㉡도 털 유전자와 같은 위치에 있으므로 털 유전자에 대한 대립유전자를 가진다. ㉢은 파란색 눈 유전자이고 ㉣은 갈색 눈 유전장다. 교차가 일어나지 않으면 ㉠, ㉣은 상동염색체에 있는 유전자로 둘 중 하나만 생식세포에 무작위로 들어가므로 동시에 같이 들어갈수는 없다.

12 멘델의 완두콩 교배를 통해 확인한 것은 꽃 색, 키, 종자 모양, 종자 색깔, 콩깍지 색깔, 콩깍지 모양, 꽃이 피는 위치이다.

13 배젖(3n), 접합자(2n), 대포자낭(2n), 소포자(n), 알세포(n)이다.

14 바이로이드는 바이러스와 다르게 외피(캡시드)가 없다.

정답 및 해설 11.③ 12.④ 13.③ 14.①

15 〈보기 1〉은 미토콘드리아 내막에 있는 전자전달계의 모식도이다. 〈보기 2〉의 설명 중 옳은 것을 모두 고른 것은?

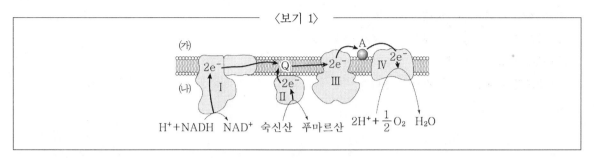

〈보기 1〉

〈보기 2〉

㉠ 이러한 전자 전달의 과정은 양성자의 농도를 (나)보다 (가)에서 더 높게 한다.
㉡ Ⅱ는 시트르산 회로의 한 단계를 촉매한다.
㉢ A는 유비퀴논(CoQ)이다.

① ㉠
② ㉠, ㉡
③ ㉡, ㉢
④ ㉠, ㉡, ㉢

16 식물 세포의 구조나 구조물 중 아포플라스트(apoplast)에 해당하지 않는 것은?

① 세포벽
② 세포외공간
③ 헛물관과 물관요소
④ 원형질연락사

17 식물의 생장은 전 생애에 걸쳐 끊임없이 일어나는데 1기 생장과 2기 생장의 두 가지 유형이 있다. 〈보기〉에서 식물의 생장유형에 대한 설명으로 옳은 것을 모두 고른 것은?

〈보기〉

　㉠ 초본식물은 1기 생장만으로, 식물 전체가 형성된다.
　㉡ 1기 생장은 정단 분열조직에 의해서 이루어진다.
　㉢ 목본식물은 1기 생장이 멈춘 부위에서 2기 생장이 있게 된다.
　㉣ 2기 생장은 측생 분열조직인 관다발형성층과 코르크 형성층에 의해서 이루어진다.

① ㉠, ㉢
② ㉡, ㉣
③ ㉠, ㉡, ㉣
④ ㉠, ㉡, ㉢, ㉣

18 포유류의 신장에 대한 설명 중 가장 옳지 않은 것은?

① 신장의 여과 단위는 네프론이다.
② 혈액은 혈압에 의해 사구체 모세혈관을 통해 여과된다.
③ 사구체로 들어가 한번 여과된 물과 용질은 재흡수 되지 않는다.
④ 이물질과 체내 노폐물은 모세혈관과 세뇨관 막을 통과해 여과액으로 분비된다.

15 ㉢ A는 시토크롬C이다.

16 아포플라스트는 식물의 물의 이동 경로로 살아있지 않은 부분이다. 원형질연락사는 살아있는 부분을 통한 물의 이동경로인 심플라스트 경로에 해당한다.

17 초본식물은 줄기에 목재를 포함하지 않으며 1기 생장만으로 전체가 형성된다. 1기 생장은 정단분열조직의 작용으로 길이생장이 일어난다.
목본 식물은 줄기에 목재를 포함하는 식물들이 있으며 2기 생장은 유관속분열조직, 코르크분열조직 두 종류의 측생분열조직이 부피생장에 관여한다.

18 사구체로 여과된 물과 용질도 세뇨관에서 모세혈관쪽으로 재흡수되기도 한다. 물, 요소, 아미노산, 포도당 등이 그 예에 해당한다.

정답 및 해설 15.② 16.④ 17.④ 18.③

19 〈보기 1〉은 단일 유전자에 의해 결정되는 어떤 질환 X에 대한 가계도이다. 질환 X에 대한 A의 유전자형은 동현접합이라고 할 때 이에 대한 〈보기 2〉의 설명 중 옳은 것을 모두 고른 것은?

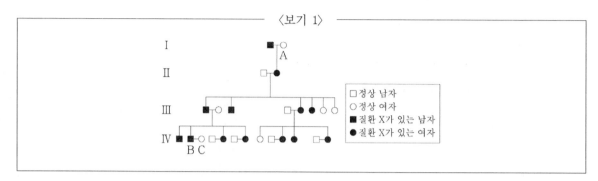

〈보기 1〉

□ 정상 남자
○ 정상 여자
■ 질환 X가 있는 남자
● 질환 X가 있는 여자

〈보기 2〉

㉠ 질환 X는 상염색체 우성으로 유전된다.
㉡ B와 C 사이에서 아이가 태어날 때, 이 아이가 질환 X를 가질 확률은 50%이다.
㉢ 헌팅턴 무도병(Huntington's disease)은 질환 X와 같은 방식으로 유전된다.

① ㉠
② ㉠, ㉡
③ ㉡, ㉢
④ ㉠, ㉡, ㉢

20 어느 호수에서 120마리의 물고기를 잡았다. 이들에게 영구 표식을 부착한 후 부상 없이 다시 놓아주었다. 다음 날 150마리의 물고기를 잡았는데, 이 중 50마리에 표식이 붙어 있었다. 이틀 동안 전체 물고기 개체군의 크기에 변화가 없었다고 가정할 때, 이 호수에 있는 물고기 개체군의 크기는?

① 320마리
② 360마리
③ 600마리
④ 720마리

19 A의 자녀는 A에게서 정상 유전자를 하나 받지만 X가 발현되지 않았으므로 이 유전병은 우성으로 유전되며 헌팅턴 무도병이 이 예에 해당한다. 성염색체 우성 유전일 경우 B는 어머니에게 정상 성염색체를 받으므로 항상 X가 발현되지 않아야 하는데 모순이므로 이는 상염색체 우성 유전이다. B와 C 사이에서 아이가 태어날 경우 B는 정상/X 유전자를 가지고, C는 정상/정 상 유전자를 가지므로 X가 발현된 아이가 태어날 확률은 50%이다.

20 150마리 물고기 중 1/3에 해당하는 50마리에서만 표식이 붙어있었으므로 개체군의 수도 기존 120마리에서 3배에 해당하는 360마리이다.

정답 및 해설 19.④ 20.②

1 (가), (나)에 해당하는 생명 현상의 특성을 옳게 연결한 것은?

─────────── 〈보기〉 ───────────

(가) 식물은 햇빛이 비치는 쪽으로 굽어 자란다.

(나) 수정란에서 태어난 올챙이가 개구리로 자란다.

	(가)	(나)
①	자극에 대한 반응	생식과 유전
②	자극에 대한 반응	발생과 생장
③	물질대사	생식과 유전
④	물질대사	발생과 생장

2 다음은 물질 X의 작용을 알아낸 탐구 과정의 일부이다. 이에 대한 설명으로 옳은 것은?

─────────── 〈보기〉 ───────────

(가) 대장균을 배양하던 중 우연히 배지에 물질 X가 첨가되었을 때, 대장균이 증식하지 못하는 현상을 관찰하였다.

(나) 'X는 대장균의 증식을 억제할 것이다.'라고 생각하였다.

(다) 10개의 대장균 배양 접시를 준비하여 ㉠5개의 접시에는 X를 넣고, 나머지 접시에는 X를 넣지 않았다.

(라) X가 첨가된 배양 접시에서는 대장균이 증식하지 않았고, X가 첨가되지 않은 배양 접시에서는 대장균이 증식하였다.

① ㉠은 대조군이다.

② (나)는 탐구 설계 수립 단계이다.

③ 대장균의 증식 여부는 종속변인이다.

④ 물질 X의 첨가 여부는 통제 변인이다.

3 그림은 ATP의 구조를 나타낸 것이다. ATP에 대한 설명으로 옳은 것은?

───────────────── 〈보기〉 ─────────────────

① 염기 부위에 에너지가 저장되어 있다.

② ATP는 당, 인산, 염기로 구성되어 있다.

③ ATP가 ADP로 될 때 에너지를 흡수한다.

④ 세포 호흡에서 발생한 에너지는 모두 ATP에 저장된다.

4 사람에서 질병을 일으키는 병원체에 대한 설명으로 옳은 것은?

① 결핵의 병원체는 곰팡이이다.

② 말라리아는 모기를 매개로 감염된다.

③ 독감의 병원체는 독립적으로 물질대사를 한다.

④ 후천성 면역 결핍증(AIDS)의 병원체는 세포로 이루어져 있다.

1 ㈎ 빛이라는 자극에 식물이 굽어 자라는 반응을 하는 것이므로 자극과 반응의 예이고, ㈏ 수정란의 초기세포분열을 통해 구조가 발현되는 것은 발생과 생장에 해당한다.

2 ㉠은 인위적으로 조작한 것이므로 실험군에 해당한다. ㈏단계는 가설설정 단계이다. 물질 X의 첨가 여부는 독립 변인 중 조작 변인이다.

3 에너지는 인산 결합에 고에너지 형태로 저장되어 있으며 ATP가 ADP로 분해될 때 고에너지 인산 결합이 깨지면서 에너지가 방출된다. 세포호흡에서 발생한 에너지는 열에너지로 방출되는 것과 ATP화학 에너지에 저장되는 것이 있다.

4 결핵의 병원체는 세균이다.
독감의 병원체는 바이러스로 바이러스는 숙주 세포 내에서 활물기생하며 살아간다.
후천성 면역 결핍증의 병원체는 바이러스로 바이러스는 비세포 구조이다.

정답 및 해설 1.② 2.③ 3.② 4.②

5 생물이 비생물 환경에 영향을 주는 예로 옳은 것은?

① 비옥한 토양에서 식물이 잘 자란다.

② 일조량이 식물의 광합성량에 영향을 미친다.

③ 지렁이가 많으면 토양의 통기성이 높아진다.

④ 토끼의 개체 수가 늘어나면 토끼가 먹는 풀의 개체 수가 줄어든다.

6 사람에서 일어나는 물질대사에 대한 설명으로 옳지 않은 것은?

① 세포 호흡은 이화 작용에 해당한다.

② 물질대사에는 에너지 출입이 따른다.

③ 단백질이 합성되는 과정에서 에너지의 흡수가 일어난다.

④ 동화 작용은 분자량이 큰 물질이 분자량이 작은 물질로 분해되는 과정이다.

7 그림은 어떤 동물($2n = ?$)의 분열 중인 세포 (가)에 들어 있는 모든 염색체를 나타낸 것이다. 이 동물의 특정 유전 형질에 대한 유전자형은 Aa이다. A와 a는 이 형질의 대립유전자이다. 이에 대한 설명으로 옳은 것은? (단, 돌연변이는 고려하지 않는다)

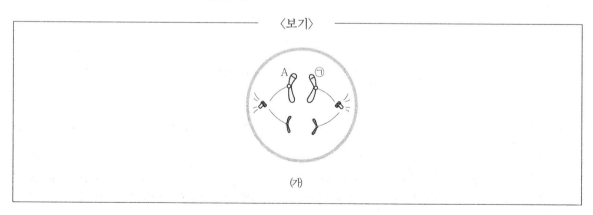

〈보기〉

(가)

① ㉠은 A이다.

② (가)는 간기의 세포이다.

③ (가)의 딸세포와 (가)의 핵상은 서로 다르다.

④ 이 동물의 체세포 1개당 염색체 수는 8이다.

8 A~D는 사람의 몸을 구성하는 기관인 배설계, 소화계, 순환계, 신경계를 순서 없이 나타낸 것이다. 이에 대한 설명으로 옳은 것은?

기관계	특징
A	오줌을 통해 노폐물을 몸 밖으로 내보낸다.
B	(가)
C	대뇌, 중간뇌, 연수가 속한다.
D	음식물을 분해하여 영양소를 흡수한다.

① A는 신경계이다.
② '조직 세포에서 생성된 CO_2를 몸 밖으로 배출한다.'는 (가)에 해당한다.
③ B에는 C의 조절을 받는 기관이 있다.
④ D에서 흡수된 영양소는 A를 통해 조직 세포로 이동한다.

---

5 ③은 생물이 비생물적 환경에 영향을 미치는 예에 해당한다.

6 물질대사에는 동화 작용과 이화 작용이 있는데, 동화 작용은 에너지를 흡수해 저분자 물질을 고분자로 합성하는 과정이다.

7 ㉠은 A이다. (가)는 이미 상동염색체가 분리된 이후이므로 감수 2분열 후기 세포이다. (가)와 (나) 핵상은 모두 n으로 같다. 체세포 1개의 염색체 수는 4개이다.

8 A는 배설계, C는 신경계, D는 소화계이므로 B는 순환계이다. ②는 호흡계의 설명이다. 소화계에서 흡수된 영양소는 순환계(B)를 통해 조직 세포로 이동한다.

정답 및 해설 5.③ 6.④ 7.① 8.③

9 다음은 사람의 유전 형질 (가), (나)에 대한 자료이다.

〈보기〉

- (가), (나)의 유전자는 서로 다른 2개의 상염색체에 있다.
- (가)는 대립유전자 A와 a에 의해 결정되며, A는 a에 대해 완전 우성이다.
- (나)는 1쌍의 대립유전자에 의해 결정되며, 대립유전자에는 D, E, F가 있다.
- (나)의 표현형은 4가지이며, (나)의 유전자형이 DD인 사람, DE인 사람, DF인 사람의 표현형은 같다.

(가), (나)의 유전자형이 AaDE인 남자 P와 AaEF인 여자 Q 사이에서 아이가 태어날 때, 이 아이에서 (가), (나)의 표현형이 모두 Q와 같을 확률은? (단, 돌연변이는 고려하지 않는다)

① $\dfrac{1}{16}$

② $\dfrac{1}{8}$

③ $\dfrac{3}{16}$

④ $\dfrac{1}{4}$

10 표는 생물 다양성에 대한 학생 A~C의 의견이다. 제시한 의견이 옳은 학생만을 모두 고르면?

학생 A	한 생태계 내에 존재하는 생물 종의 다양한 정도를 종 다양성이라고 합니다.
학생 B	대립유전자의 종류가 다양할수록 유전적 다양성은 높아집니다.
학생 C	사람에 따라 눈동자 색이 다른 것은 종 다양성에 해당합니다.

① A

② C

③ A, B

④ B, C

11 사람의 방어 작용 ㈎~㈐에 대한 설명으로 옳은 것은?

───────── 〈보기〉 ─────────

㈎ 피부로 분비되는 땀은 ㉠<u>라이소자임</u>을 포함하고 있어 세균의 침입을 막는다.

㈏ 병원체가 상처 부위로 들어오면 손상된 부위의 비만세포에서 히스타민이라는 신호물질을 분비한다.

㈐ 세포독성 T림프구는 병원체에 감염된 세포를 직접 제거한다.

㈑ 체내에 침입한 병원체에 대한 항체가 생성된다.

① ㈎의 ㉠은 눈물에도 포함되어 있다.

② ㈏는 항원 항체 반응이다.

③ ㈎, ㈏, ㈐는 모두 비특이적 방어 작용이다.

④ ㈐, ㈑는 모두 체액성 면역에 속한다.

12 사람의 간 기능으로 옳은 것만을 모두 고르면?

───────── 〈보기〉 ─────────

㉠ 혈당량 조절

㉡ 인슐린 분비

㉢ 암모니아를 요소로 전환

① ㉠   ② ㉡

③ ㉠, ㉢   ④ ㉡, ㉢

---

9 ㈏를 통해 D가 최고 우성 유전자로 D〉E=F우열 관계가 성립한다. 즉 ㈎에 대해서는 Q와 표현형이 같을 확률은 3/4이고 ㈏의 표현형이 Q와 같을 확률은 1/4이므로 ㈎, ㈏ 표현형이 Q와 같을 확률은 3/16이다.

10 학생 C에 해당하는 설명은 유전적 다양성이다.

11 ㈏는 염증반응이고 ㈎, ㈏는 비특이적 반응, ㈐, ㈑는 특이적 면역으로 ㈐는 세포성 면역, ㈑는 체액성 면역에 대한 설명이다.

12 인슐린 분비는 이자에서 일어난다.

정답 및 해설 9.③ 10.③ 11.① 12.③

13 사람의 유전 형질 ㈎는 대립유전자 R과 r에 의해 결정되며, R은 r에 대해 완전 우성이다. 그림은 어떤 가족의 구성원 1~6에서 ㈎의 발현 여부를 나타낸 것이다. 구성원 2에서 ㈎의 유전자형은 동형 접합성이다. 이에 대한 설명으로 옳은 것은? (단, 돌연변이는 고려하지 않는다)

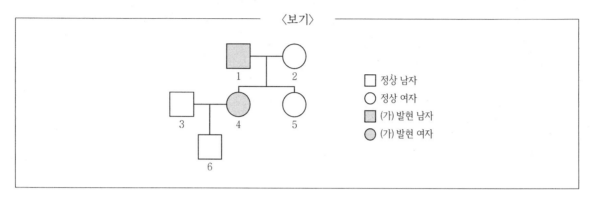

〈보기〉

□ 정상 남자
○ 정상 여자
▨ ㈎ 발현 남자
◉ ㈎ 발현 여자

① ㈎는 열성 형질이다.

② ㈎의 유전자는 X 염색체에 있다.

③ 구성원 1~6에서 R을 갖는 사람은 모두 2명이다.

④ 구성원 6의 동생이 태어날 때, 이 아이에게서 ㈎가 발현될 확률은 $\frac{1}{4}$이다.

14 표는 방형구법을 이용하여 어떤 지역의 식물 군집을 조사한 결과를 나타낸 것이다. 이에 대한 설명으로 옳은 것은? (단, A~D 이외의 종은 고려하지 않는다)

종	상대 밀도(%)	상대 빈도(%)	상대 피도(%)	중요치
A	30	15	20	( )
B	( )	35	15	60
C	20	20	( )	( )
D	( )	( )	40	( )

① 개체 수가 가장 많은 종은 A이다.

② 지표를 덮고 있는 면적이 가장 큰 종은 B이다.

③ C의 중요치는 60이다.

④ 우점종은 D이다.

13 2에게서 정상 유전자를 받은 자녀 4가 병이 발현되었으므로 정상 유전자가 열성, 병 유전자가 우성인 우성유전이라는 것을 알 수 있다. 성염색체 유전일 경우 4, 5의 표현형이 같아야 하는데 다르므로 이는 상염색체 우성유전이다.

R을 갖는 사람은 1,4 두 명이다.

④ 3은 rr, 4는 Rr이므로 6의 동생이 ㈎가 발현될 확률은 1/2이다.

14

종	상대 밀도(%)	상대 빈도(%)	상대 피도(%)	중요치
A	30	15	20	65
B	10	35	15	60
C	20	20	25	65
D	40	30	40	110

상대 밀도, 상대 빈도, 상대 피도 각각의 총합은 100이 되어야 하고 중요치는 상대 밀도, 상대 빈도, 상대 피도의 합이다. 중요치 값이 가장 큰 종이 우점종이다.

① 개체수가 가장 많은 종은 상대 밀도가 가장 큰 D이다.

② 지표를 덮고 있는 면적은 피도를 보아야 하므로 피도가 가장 큰 종은 D이다.

정답 및 해설 13.③ 14.④

15 그림은 어떤 동물 세포가 분열하는 동안 세포 1개당 DNA 상대량을 나타낸 것이다. 이에 대한 설명으로 옳지 않은 것은? (단, 돌연변이는 고려하지 않는다)

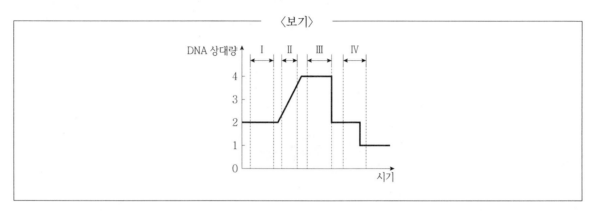

〈보기〉

① 구간 I은 세포 주기 중 G_1기에 해당한다.

② 구간 II에서 DNA가 복제된다.

③ 구간 III에 2가 염색체를 갖는 세포가 있다.

④ 구간 IV에서 상동 염색체가 분리된다.

16 사람의 뇌에 대한 설명으로 옳지 않은 것은?

① 간뇌는 자율 신경과 내분비계의 조절 중추이다.

② 연수는 젖분비, 땀분비, 배뇨 반사의 중추이다.

③ 중간뇌와 뇌교는 뇌줄기에 포함된다.

④ 소뇌는 평형 감각 기관에서 오는 감각 정보를 받아들여 몸의 평형을 유지한다.

17 그림은 정상인의 티록신 분비 조절 과정을 나타낸 것이다. 이에 대한 설명으로 옳은 것은?

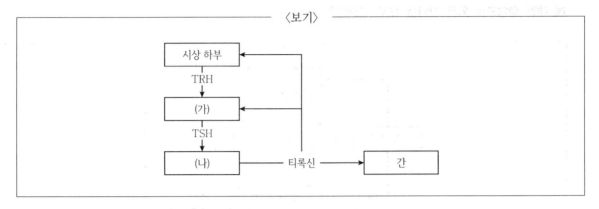

① (가)는 뇌하수체 전엽이다.

② (나)는 부갑상샘이다.

③ 티록신에 의해 열 생산량은 감소한다.

④ 혈중 티록신 농도가 높아지면 TSH 분비가 증가된다.

---

15 구간 Ⅳ에서는 염색 분체가 분리된다.

16 젖분비, 땀분비, 배뇨 반사의 중추는 척수이다.

17 (나)는 갑상샘이고 티록신에 의해 열생산이 늘어나며 혈중 티록신 농도가 높아지면 음성피드백 작용에 의해 TRH, TSH의 분비는 감소한다.

정답 및 해설 15.④ 16.② 17.①

18 그림은 어떤 생태계의 탄소 순환 과정을 나타낸 것이고, A와 B는 각각 분해자와 생산자 중 하나이다. 이에 대한 설명으로 옳은 것만을 모두 고르면?

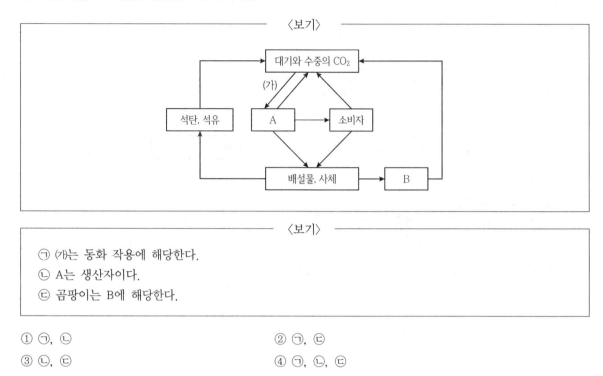

〈보기〉

　㉠ (가)는 동화 작용에 해당한다.
　㉡ A는 생산자이다.
　㉢ 곰팡이는 B에 해당한다.

① ㉠, ㉡   ② ㉠, ㉢
③ ㉡, ㉢   ④ ㉠, ㉡, ㉢

19 그림은 근육 원섬유 마디 X의 구조를 나타낸 것이다. 이에 대한 설명으로 옳은 것은? (단, (가)는 마이오신 필라멘트만 있는 부분이고, (나)는 액틴 필라멘트와 마이오신 필라멘트가 겹치는 부분이며, (다)는 액틴 필라멘트만 있는 부분이다)

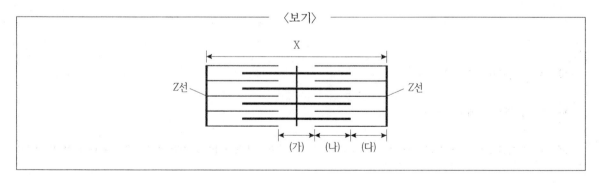

〈보기〉

① (가)는 I대이다.

② (나)는 A대에 포함된다.

③ 현미경으로 X를 관찰하면 (나)는 (다)보다 밝게 보인다.

④ 근육 수축이 일어나도 X의 길이는 변하지 않는다.

20 그림은 생식세포 형성 과정에서 염색체 비분리가 1회 일어난 정자 (가)와 정상 난자가 수정되어 태어난 어떤 사람의 핵형 분석 결과를 나타낸 것이다. 이에 대한 설명으로 옳은 것은?

〈보기〉

| 1 | 2 | 3 | 4 | 5 | 6 | 7 | 8 | 9 | 10 | 11 | 12 |

| 13 | 14 | 15 | 16 | 17 | 18 | 19 | 20 | 21 | 22 | X X Y |

① 이 사람은 다운증후군의 염색체 이상을 보인다.

② 이 핵형 분석 결과에서 관찰되는 상염색체의 수는 22이다.

③ 이 핵형 분석 결과에서 헌팅턴 무도병 여부를 알 수 있다.

④ (가)가 형성될 때 염색체 비분리는 감수 1분열에서 일어났다.

18 (가)는 광합성이므로 동화작용이고, A는 생산자, B는 분해자이다. 분해자에는 버섯, 곰팡이, 세균이 있다.

19 (가)는 H대, (다)는 I대의 절반에 해당한다. A대에는 (가)와 (나)가 포함된다.
현미경으로 관찰하면 (나)가 (다)보다 어둡게 보인다.
근수축이 일어나면 X대, H대, I대가 모두 짧아진다.

20 이 사람은 XXY염색체를 가지므로 클라인펠터 증후군의 이상을 보인다. 상염색체 수는 44개이다. 헌팅턴 무도병은 염색체 구조 이상으로 이와 같이 핵형 분석으로는 확인할 수 없다. (가)가 형성될 때 XY가 1분열 비분리에 의해 생성되고 정상 난자에서 X가 생성될 경우 이와 같은 염색체 이상이 일어날 수 있다.

정답 및 해설 18.④ 19.② 20.④

1　〈보기 1〉은 어떤 사람의 핵형 분석 결과를 나타낸 것이다. 이에 대한 〈보기 2〉의 설명으로 옳은 것을 모두 고른 것은?

─ 〈보기1〉 ─

ⓐ ⓑ
1 2 3 4 5 6 7 8 9 10 11 12
13 14 15 16 17 18 19 20 21 22 X X Y

─ 〈보기2〉 ─

㉠ ⓐ와 ⓑ는 상동염색체이다.
㉡ 이 사람은 터너증후군을 앓고 있다.
㉢ 이 핵형 분석 결과에서 관찰되는 상염색체의 수는 44개이다.

① ㉠

② ㉡

③ ㉠, ㉢

④ ㉠, ㉡, ㉢

2　효소의 활성을 억제하는 비경쟁적 저해제(noncompetitive inhibitor)에 대한〈보기〉의 설명으로 옳은 것을 모두 고른 것은?

─ 〈보기〉 ─

㉠ 효소의 활성 부위가 아닌 다른 자리(allosteric site)에 결합한다.
㉡ 최대반응속도(V_{max})에는 영향을 주지 않는다.
㉢ 효소 구조의 변화를 유도한다.
㉣ 기질의 농도가 증가하면 저해제의 효과는 감소한다.

① ㉠, ㉡

② ㉠, ㉢

③ ㉡, ㉣

④ ㉢, ㉣

3 인체를 구성하는 원소 중 가장 많은 비율을 차지하는 원소 세 가지는?

① 탄소, 칼슘, 수소

② 산소, 질소, 수소

③ 산소, 탄소, 칼슘

④ 산소, 탄소, 수소

4 인간의 감각 수용기 중 청각이 속해있는 수용기는?

① 기계수용기

② 화학수용기

③ 광수용기

④ 통각수용기

---

1 ㉡ 터너 증후군은 성에서 한 개의 X 염색체가 없는 경우이다. 성염색체가 한 개의 X 염색체만 있어야 하지만 〈보기1〉에서 주어진 핵형에는 X와 Y가 모두 있어 남성에 해당한다.

2 ㉡ 비경쟁적 저해제는 기질이 아무리 많이 있어도 저해제가 결합된 효소의 활성은 최대반응속도(V_{max})에 도달하지 못하게 하므로 최대반응속도를 감소시킨다.

㉣ 비경쟁적 저해제는 기질의 농도와 관계없이 효소의 작용을 억제한다. 기질 농도가 증가해도 저해제의 효과는 감소하지 않는다.

3 인체를 구성하는 원소 중 가장 많은 비율을 차지하는 원소 세 가지는 산소, 탄소, 수소이다.

4 인간의 청각은 기계적 자극을 감지하는 기계수용기와 관련된다. 귀의 달팽이관 안에 있는 털세포들이 음파로 인한 기계적 변화를 감지하여 청각 신호를 발생시키므로 청각은 기계수용기에 해당한다.

정답 및 해설   1.③   2.②   3.④   4.①

5 〈보기 1〉의 (개)~(래)는 사람의 대뇌, 소뇌, 간뇌, 연수의 특징을 순서 없이 나열한 것이다. 이에 대한 〈보기 2〉의 설명으로 옳은 것을 모두 고른 것은?

〈보기1〉

(개) 몸의 평형을 유지한다.

(내) 시상과 시상하부로 구분된다.

(대) 감각령, 운동령, 연합령으로 구분된다.

(래) 심장박동, 호흡운동을 조절하다.

〈보기2〉

㉠ (개)는 무릎 반사, 배뇨 반사의 중추이다.

㉡ (내)는 혈당량과 삼투압을 조절하여 항상성을 유지한다.

㉢ (대)는 안구 운동과 동공 반사를 조절한다.

㉣ (래)는 기침, 재채기, 눈물 분비의 중추이다.

① ㉠, ㉡   ② ㉠, ㉢

③ ㉡, ㉢   ④ ㉡, ㉣

6 사람의 소화를 조절하는 호르몬의 작용에 대한 설명으로 가장 옳지 않은 것은?

① 가스트린(gastrin)은 위산의 분비를 촉진한다.

② 콜레키스토키닌(CCK)은 췌장의 소화 효소 분비를 촉진한다.

③ 세크레틴(secretin)은 췌장의 중탄산염 분비를 촉진하여 강산성의 음식물을 중화시킨다.

④ 세크레틴(secretin)은 위의 가스트린(gastrin) 분비를 촉진한다.

7 생물 다양성에 대한 〈보기〉의 설명으로 옳은 것을 모두 고른 것은?

〈보기〉

㉠ 유전적 다양성이 높은 종은 환경이 급격하게 변하거나 전염병이 발생했을 때 멸종될 확률이 높다.

㉡ 종 다양성은 종의 수가 많을수록, 전체 개체수에서 각 종이 차지하는 비율이 균등할수록 낮아진다.

㉢ 강, 습지, 사막, 삼림, 초원 등이 다양하게 나타나는 것은 생태계 다양성에 해당한다.

① ㉠   ② ㉢

③ ㉠, ㉢   ④ ㉡, ㉢

8 ATP 에너지를 소모하는 작용으로 옳은 것을 〈보기〉에서 모두 고른 것은?

〈보기〉

ㄱ 능동수송
ㄴ 근육수축
ㄷ 촉진확산
ㄹ 체온유지

---

① ㄱ, ㄴ

② ㄱ, ㄷ

③ ㄱ, ㄴ, ㄹ

④ ㄴ, ㄷ, ㄹ

---

5 〈보기1〉에서 ㈎는 소뇌, ㈏는 간뇌, ㈐는 대뇌, ㈑는 연수의 역할에 해당한다.
ㄱ 무릎 반사와 배뇨 반사는 주로 척수에 의해 조절된다.
ㄷ 안구 운동과 동공 반사는 주로 중뇌에 의해 조절된다.

6 ④ 세크레틴은 위산을 중화하는 기능을 하기 때문에 가스트린의 분비를 억제한다.

7 ㄱ 유전적 다양성이 높은 종은 다양한 유전적 특성을 가지고 있다. 환경 변화나 전염병에 대한 저항력이 더 크기 때문에 멸종될 확률이 낮다.
ㄴ 종의 수가 많고 각 종이 전체 개체수에서 균등한 비율을 차지할수록 종 다양성은 높아진다. 종 다양성이 낮아진다는 것은 종의 수가 적고, 특정 종이 전체 개체수의 대부분을 차지할 때를 의미한다.

8 ㄷ 촉진확산은 물질이 농도 기울기를 따라 막을 통과하는 과정으로, ATP를 필요로 하지 않는 수동적 과정이다.

정답 및 해설 5.④ 6.④ 7.② 8.③

9 〈보기〉에서 인간의 선천성 면역에 관여하는 것을 모두 고른 것은?

─────────〈보기〉─────────

ㄱ 피부
ㄴ 호중구
ㄷ 인터페론
ㄹ 보체계

① ㄱ, ㄴ   ② ㄴ, ㄷ
③ ㄱ, ㄷ, ㄹ   ④ ㄱ, ㄴ, ㄷ, ㄹ

10 〈보기〉는 사람 심장의 전기적 활동 기록을 관찰한 결과이다. 심장에서 적절한 기능을 수행하지 못하고 있는 부위로 가장 옳은 것은?

─────────〈보기〉─────────

• 심방은 정상적으로 정기적인 수축을 한다.
• 심실은 몇 박동마다 수축을 하지 않는다.

① 반달판막   ② 방실판막
③ 방실결절   ④ 관상동맥

11 〈보기〉와 같은 사례를 설명하는 용어로 가장 옳은 것은?

─────────〈보기〉─────────

1800년대 초에 15명의 영국 식민지 개척자들이 아프리카와 남미 중간의 대서양에 있는 작은 군도에 정착지를 세우고, 다른 사람들과는 격리되어 자손을 낳고 살게 되었다. 약 150년 정도 지난 후, 이 섬에 정착한 식민지 개척자들의 후손 집단에서 나타나는 특정 질병을 일으키는 대립유전자의 빈도가 원집단에 비해 10배나 높게 나타났다.

① 창시자 효과   ② 유전자 흐름
③ 병목 현상   ④ 하디-바인베르크 평형

12 그람양성세균에 대한 〈보기〉의 설명으로 옳은 것을 모두 고른 것은?

〈보기〉

㉠ 그람음성세균에 비해 펩티도글리칸 층이 얇다.

㉡ 그람염색법으로 염색하면 진한 색(보라색)으로 염색된다.

㉢ 세포벽 바깥쪽에 지질다당체(lipopolysaccharide)로 이루어진 막이 둘러싸고 있다.

① ㉠

② ㉡

③ ㉠, ㉡

④ ㉡, ㉢

---

9 선천성 면역은 비특이적 면역이라고도 하며 병원체의 공통적인 특징을 인식해 감지한다.

㉠ 피부 : 신체의 1차적 방어벽으로 단단한 물리적 장벽을 형성하고 있어 병원체가 안으로 들어오지 못하도록 막는다.

㉡ 호중구 : 식세포 작용을 하는 백혈구로 병원체를 효과적으로 제거한다.

㉢ 인터페론 : 선천성 항바이러스 단백질로 바이러스에 감염된 세포에서 분비되는데 주변의 비감염세포를 자극하여 항바이러스 단백질 생산을 유도한다.

㉣ 보체계 : 척추동물의 혈장에 존재하는 항균 단백질로 세균에 특이적으로 작용한다.

10 〈보기〉의 결과에서 심방은 정상적으로 수축하고 있으나, 심실은 몇 박동마다 수축하지 않고 있다. 심방과 심실 사이의 전기 신호 전달을 조절하는 부위는 방실결절에 해당한다. 방실결절이 제대로 작동하지 않으면 심방의 전기 신호가 심실로 전달되지 않아 심실이 수축하지 않는 현상이 발생한다.

11 ① 〈보기〉는 15명의 영국 식민지 개척자들의 후손 집단에서 특정 질병을 일으키는 대립유전자의 빈도가 원집단에 비해 10배나 높게 나타난 상황이다. 소수의 개체가 새로운 지역에 정착하여 그들로부터 유래된 집단이 원래 집단과 다른 유전적 특성을 나타내는 현상은 창시자 효과에 해당한다.

② 유전자 흐름 : 서로 다른 개체군 간에 유전자들이 이동하는 현상이다. 개체들이 다른 집단으로 이주하거나 이주해 온 개체들이 교배하여 유전자가 섞이게 되는 것이다.

③ 병목 현상 : 재난이나 환경 변화로 인해 개체군의 크기가 급격히 감소하면서 유전적 다양성이 크게 줄어드는 현상이다.

④ 하디-바인베르크 평형 : 무한히 큰 개체군에서 유전자 빈도가 시간이 지나도 변하지 않고 일정하게 유지되는 이론적 상태이다.

12 ㉠ 그람양성세균은 그람음성세균에 비해 펩티도글리칸 층이 두껍다. 펩티도글리칸 층이 두껍기 때문에 그람양성세균은 그람염색법에서 보라색으로 염색된다.

㉢ 지질다당체(LPS)로 이루어진 외막은 그람음성세균의 특징이다. 그람양성세균은 외막이 없고 두꺼운 펩티도글리칸 층이 있다.

정답 및 해설 9.④ 10.③ 11.① 12.②

13 세포호흡 과정 중 ATP를 생산하지 않는 단계는?

① 피루브산 산화 　　　　　　　　② 시트르산 회로

③ 해당과정 　　　　　　　　　　　④ 산화적 인산화

14 뒤센 근위축증(Duchenne muscular dystrophy)은 근육 조직이 점점 소실되는 특징을 보여주는 성염색체 열성 질환이다. 여자 A와 남자 B는 뒤센 근위축증은 없지만 이들의 첫 아들은 이 질병을 가지고 있다. A와 B가 두 번째 아이를 갖게 될 경우, 이 아이가 뒤센 근위축증을 가질 확률 [%]은?(단, 제시된 조건 외에 다른 부분은 고려하지 않는다.)

① 25 　　　　　　　　　　　　　② 50

③ 75 　　　　　　　　　　　　　④ 100

15 〈보기〉는 신경계의 구성을 간략하게 나타낸 모식도이다. 이에 대한 설명으로 가장 옳은 것은?

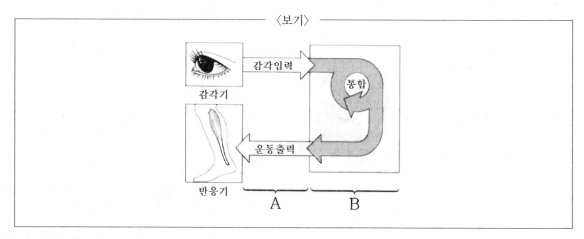

① 혈액뇌 장벽(blood-brain barrier)은 모세혈관 내피 세포를 통한 물질의 이동을 제한함으로써 혈액에 존재하는 유해물질로부터 A를 보호한다.

② A는 운동신경계와 자율신경계로 구분되며, 싸움-도주 반응(fight-or-flight response)은 부교감 신경에 해당한다.

③ 미세아교세포는 죽었거나 손상된 세포의 잔유물과 세균으로부터 B를 보호한다.

④ 신경전달 물질인 아세틸콜린은 B에서 방출되며 A에서는 발견되지 않는다.

13 ① 피루브산 산화 과정에서는 피루브산이 아세틸-CoA로 변환되며, NADH가 생성되지만 ATP는 생산되지 않는다.

14 여자 A는 뒤센 근위축증이 없지만, 첫 아들이 이 질병을 가지고 있는 것은 A가 보인자임을 의미한다. 남자 B는 뒤센 근위축증이 없으므로 정상 유전자를 가지고 있다.

A가 줄 수 있는 성염색체는 X^D(정상유전자), X^d(돌연변이 유전자)이다. B가 줄 수 있는 성염색체는 X^D(딸인 경우), Y(아들인 경우)이다.

A와 B사의 자녀의 성별과 유전자형은 $X^D X^D$, $X^D X^d$이다. 아들의 경우는 질병이 없거나 뒤센 근위축증 환자이다.

아들이 태어날 확률은 50%이고, 아들이 보인자 어머니의 X^d 유전자를 물려받을 확률은 50%이다.

그러므로 두 번째 아이가 뒤센 근위축증을 가질 확률은 25%이다.

※ 뒤센 근위축증(Ducheme muscular dystrophy)

X-염색체에 위치한 유전자 돌연변이로 인해 발생하는 성염색체 열성 유전 질환이다.

15 ① A는 말초신경이다. 혈액뇌 장벽은 중추신경계를 보호하는 구조이다.
② 싸움-도주 반응은 교감신경계의 기능이다. 부교감 신경은 주로 휴식과 소화 작용을 촉진한다.
④ 아세틸콜린은 중추신경계와 말초신경계(특히 운동신경 및 자율신경) 모두에서 중요한 신경전달물질로 작용하기 때문에 A에서 아세틸콜린이 발견될 수 있다.

정답 및 해설 13.① 14.① 15.③

16 〈보기 1〉은 세포에서 G 단백질 결합 수용체(GPCR)에 의해 단백질인산화효소 C(PKC)가 활성화되는 신호전달 과정을 나타낸 것이다. ㉠은 GPCR과 결합하는 신호물질이고, ㉡은 G 단백질에 의해 활성화되는 효소이다. 〈보기 2〉의 설명으로 옳은 것을 모두 고른 것은?

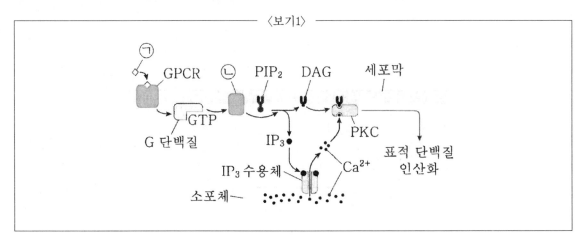

〈보기1〉

〈보기2〉

㉠ ㉠이 GPCR에 결합하면 수용체는 G 단백질과 결합하고, 그 결과 GDP가 GTP로 교환되어 G 단백질이 활성화된다.

㉡ ㉡은 포스포라이페이스 C이다.

㉢ Ca^{2+}은 능동수송에 의해 소포체에서 세포질로 이동한다.

① ㉠, ㉡

② ㉠, ㉢

③ ㉡, ㉢

④ ㉠, ㉡, ㉢

17 원소 '인'이 식물에 필요한 이유에 해당하지 않는 것은?

① 엽록소를 구성한다.

② 세포막을 구성한다.

③ 핵산을 구성한다.

④ ATP를 구성한다.

18 양막류에 해당하지 않는 것을 〈보기〉에서 모두 고른 것은?

〈보기〉

㉠ 바다거북

㉡ 칠성장어

㉢ 도롱뇽

① ㉠

② ㉡

③ ㉡, ㉢

④ ㉠, ㉡, ㉢

---

16 ㉢ Ca^{2+}은 IP_3에 의해 소포체 내에서 방출되며, 이는 능동수송이 아니라 수동 확산을 통해 이동한다.

17 ① 엽록소는 주로 마그네슘을 중심으로 한 구조를 가지고 있다. 인은 엽록소의 직접적인 구성 요소에 해당하지 않는다.
②③④ 인은 세포막의 주요 구성 성분인 인지질의 중요한 구성 요소에 해당한다. DNA와 RNA와 같은 핵산에 필수적이며, ATP(아데노신 삼인산)는 에너지를 저장하고 전달하는 데 중요한 역할을 한다.

18 ㉠ 바다거북은 파충류로 양막류에 해당한다.
㉡ 칠성장어는 원구류로 양막이 없는 초기 척추동물이다.
㉢ 도롱뇽은 양서류로 양막이 없는 무양막류이다.

정답 및 해설 16.① 17.① 18.③

19 바이러스에 대한 〈보기〉의 설명으로 옳은 것을 모두 고른 것은?

〈보기〉

㉠ 독립적으로 물질대사를 한다.

㉡ 유전물질인 핵산을 갖는다.

㉢ 세포 구조를 갖추고 있다.

㉣ 인간면역결핍바이러스(HIV)는 RNA 주형으로 DNA를 만든다.

㉤ 단백질 감염인자로서 뇌 질환을 일으킬 수 있다.

① ㉠, ㉡   ② ㉡, ㉣

③ ㉢, ㉣   ④ ㉢, ㉤

20 〈보기 1〉은 특정 식물 호르몬(A)의 농도에 따른 변화를 관찰한 것이다. A 호르몬에 대한 〈보기 2〉의 설명으로 옳은 것을 모두 고른 것은? (단, 실험은 빛이 차단된 암소에서 진행되었다.)

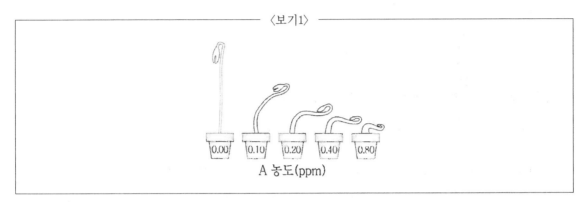

─── 〈보기1〉 ───

A 농도(ppm)

─── 〈보기2〉 ───

㉠ 노화, 잎의 탈리 및 과일의 성숙에 관여하는 호르몬이다.
㉡ 줄기와 뿌리의 분열과 분화를 촉진하며 곁눈의 생장을 촉진하는 호르몬이다.
㉢ 줄기 신장의 둔화, 줄기의 비후화 그리고 줄기의 수평 생장을 유도하는 호르몬이다.
㉣ 동물의 성호르몬과 화학적으로 유사하여 세포 신장과 분열을 유도하는 호르몬이다.

① ㉠, ㉡
② ㉠, ㉢
③ ㉡, ㉢
④ ㉢, ㉣

---

19 ㉠ 바이러스는 독립적으로 물질대사를 할 수 없다. 바이러스는 숙주 세포 내에서만 번식과 대사를 수행할 수 있다.
　　㉢ 바이러스는 세포 구조를 가지고 있지 않으며, 세포막이나 세포질이 없고 단백질 껍질에 둘러싸인 핵산으로 구성된다.

20 〈보기1〉에 따르면 A 호르몬의 농도에 따라 줄기가 길어지다가 특정 농도 이상에서 줄기 길이가 짧아지는 현상이 나타난다. A 호르몬은 옥신에 해당한다. 옥신은 일반적으로 낮은 농도에서 줄기 신장을 촉진하지만 농도가 높아지면 오히려 줄기 생장이 억제되고 비정상적인 성장이 발생한다. 빛이 없는 상황에서 옥신의 작용으로 인해 굴광성(growth towards light)이 제대로 작동하지 못하면서 줄기가 구부러지거나 짧아지는 현상이 나타난 것이다.
　　㉡ 사이토키닌에 대한 설명이다.
　　㉣ 브라시노스테로이드에 대한 설명이다.

정답 및 해설 19.② 20.②

1 생물의 특성 중 적응과 진화의 예로 옳은 것은?

① 짚신벌레는 분열법으로 번식한다.

② 개구리알은 올챙이를 거쳐 개구리가 된다.

③ 사람의 체온이 정상보다 높아지면 땀 분비를 촉진하여 정상체온으로 유지한다.

④ 선인장은 잎이 가시로 변해 건조한 환경에서 살기에 적합하다.

2 표는 사람의 기관계와 각 기관계에 속하는 기관을 나타낸 것이다. 이에 대한 설명으로 옳은 것은? (단, A ~C는 소화계, 신경계, 호흡계를 순서없이 나타낸 것이다)

기관계	속하는 기관
A	폐, 기관지
B	위, 소장
C	대뇌, 연수
배설계	콩팥

① 대장은 배설계에 해당한다.

② A는 소화계이다.

③ B에서 흡수된 영양소 중 일부는 세포 호흡에 사용된다.

④ C에서 음식물을 분해하여 영양소를 흡수한다.

3 생물의 구성 단계에서 ㈎~㈐에 들어갈 내용을 바르게 연결한 것은?

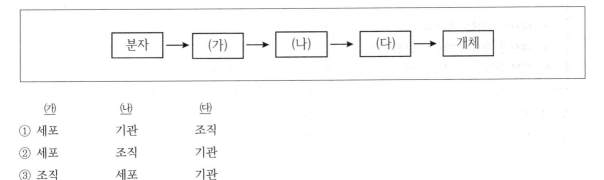

	㈎	㈏	㈐
①	세포	기관	조직
②	세포	조직	기관
③	조직	세포	기관
④	조직	기관	세포

---

1 ④ 선인장의 잎이 가시로 변한 것은 건조한 환경에 적응한 결과이고 생물의 적응과 진화의 대표적인 예에 해당한다.
① 생식과 관련된다.
② 생물의 발생 과정에 대한 설명이다.
③ 항상성 유지(homeostasis)에 해당한다.

2 ③ B(위, 소장)는 소화계에 해당한다. 위와 소장에서 흡수된 영양소는 세포 호흡에 사용된다.
① 대장은 소화계에 속한다.
② A(폐, 기관지)는 호흡계이다.
④ C는 신경계(대뇌, 연수)이다.

3 생물의 구성 단계는 '분자→세포→조직→기관→개체'에 해당한다.

정답 및 해설 1.④ 2.③ 3.②

4 대사량과 대사성 질환에 대한 설명으로 옳은 것만을 모두 고르면?

> ㉠ 대사성 질환은 물질대사의 이상으로 발생한다.
> ㉡ 대사성 질환의 예로는 고혈압이 있다.
> ㉢ 생명 활동을 유지하는 데 필요한 최소한의 에너지양을 활동 대사량이라고 한다.

① ㉠, ㉡   ② ㉠, ㉢

③ ㉡, ㉢   ④ ㉠, ㉡, ㉢

5 그림은 어떤 체세포의 염색체 구조를 나타낸 것이다. 이에 대한 설명으로 옳은 것은? (단, 돌연변이는 고려하지 않는다)

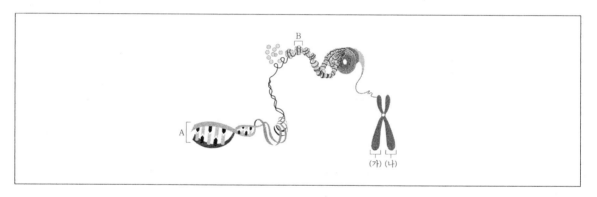

① A의 기본 단위는 뉴클레오솜이다.

② B는 DNA와 히스톤 단백질로 이루어져 있다.

③ (가)의 상동 염색체는 (나)이다.

④ (가)가 부계로부터 물려받은 것이라면 (나)는 모계로부터 물려받은 것이다.

6 유전병에 대한 설명으로 옳은 것은?

① 다운 증후군은 남자에게서만 나타난다.

② 클라인펠터 증후군인 사람의 상염색체는 정상이다.

③ 낫 모양 적혈구 빈혈증은 염색체 비분리 현상으로 발생한다.

④ 고양이 울음 증후군은 염색체 전좌로 발생한다.

7 그림 (가)와 (나)는 어떤 동물의 분열 중인 세포에 들어있는 모든 염색체를 나타낸 것이다. 이에 대한 설명으로 옳은 것은? (단, 돌연변이는 고려하지 않는다)

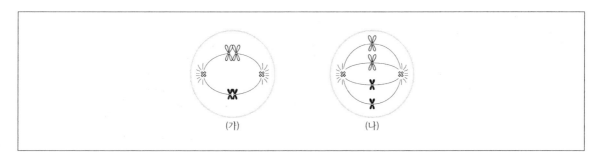

(가)   (나)

① (가)는 감수 2분열 중기이다.

② 2가 염색체는 (가)에서 관찰된다.

③ (가)와 (나)의 핵상은 서로 다르다.

④ (나) 과정을 통해 정자 혹은 난자가 만들어진다.

---

4 ㉠ 대사성 질환은 탄수화물, 지방, 단백질 등의 물질대사 과정에서 이상이 생겨 발생하는 질환에 해당한다.
  ㉡ 대사성 질환으로는 당뇨병, 고혈압, 비만 등이 대표적이다.
  ㉢ 생명 활동을 유지하는 데 필요한 최소한의 에너지는 기초 대사량에 해당한다.

5 ① A는 DNA 이중 나선 구조로, 뉴클레오솜은 B 단계에 해당한다.
  ③ 상동염색체는 체세포에 있는 모양과 크기가 똑같은 한쌍의 염색체이다. (가)와 (나)는 염색분체에 해당한다.
  ④ (가)와 (나)는 염색분체로 동일한 유전정보를 가진 DNA에 해당한다. 세포분열 과정에서 염색 분체가 분리되면서 딸세포로 전달된다.

6 ① 다운 증후군은 21번 염색체가 3개로 존재하는 염색체 이상으로 인해 발생하는 것으로 성별에 관계없이 발생한다.
  ③ 낫 모양 적혈구 빈혈증은 유전자 돌연변이(단일 염기 치환)에 의해 발생한다.
  ④ 고양이 울음 증후군은 5번 염색체 일부 결실로 인해 발생한다.

7 ① (가)는 감수 1분열 중기에 해당한다.
  ③ (가)는 감수 1분열 중기, (나)는 감수 2분열 중기에 해당한다. (가)는 2n(이배체)에 해당하지만 (나)는 n(반수체)에 해당한다.
  ④ (나)는 감수 2분열 중기로, 이 과정이 완료되어야 정자나 난자가 생성된다.

정답 및 해설 4.① 5.② 6.② 7.②

8 다음은 배양 조건에 따른 짚신벌레 A종과 B종의 개체군 생장 곡선을 나타낸 것이다. 이에 대한 설명으로 옳은 것은?

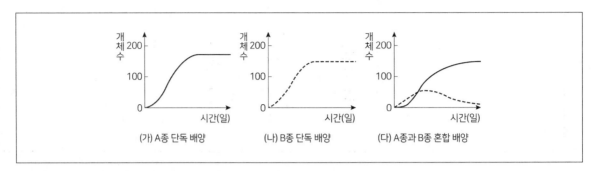

① (가)에서 A종은 환경 저항을 받지 않는다.
② (나)에서 B종은 J자형 생장 곡선을 나타낸다.
③ (다)에서 나타난 개체군 간의 상호작용은 편리 공생이다.
④ (다)에서 A종과 B종의 생태적 지위가 중복된다.

9 사람의 항상성 유지에 관여하는 신경과 호르몬의 신호 전달에 대한 설명으로 옳지 않은 것은?

① 호르몬은 혈액을 통해 표적 세포에 신호를 전달한다.
② 호르몬은 매우 적은 양으로도 생리작용을 조절할 수 있다.
③ 신경에 의한 효과는 일시적이지만 호르몬에 의한 효과는 지속적이다.
④ 티록신이 표적 세포에 신호를 전달하는 것은 신경 신호 전달의 예이다.

10 그림은 분극 상태인 뉴런의 한 지점에 분포하는 이온과 막단백질을 나타낸 것이며, ㈎와 ㈏는 각각 K^+ 통로와 Na^+ 통로 중 하나이다. 이에 대한 설명으로 옳지 않은 것은?

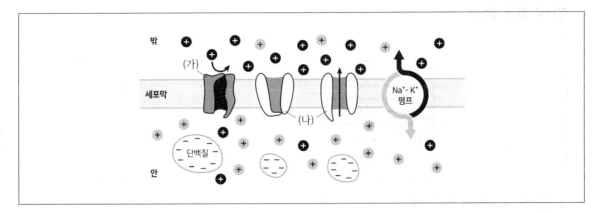

① Na^+의 농도는 세포막을 경계로 세포 바깥보다 세포 안이 더 높다.
② 역치 이상의 자극을 받으면 Na^+이 ㈎를 통해 세포 안으로 유입된다.
③ 재분극될 때 ㈏를 통해 K^+이 이동한다.
④ Na^+-K^+ 펌프를 통해 이온이 이동할 때 ATP가 사용된다.

---

11 그림은 근육 원섬유 마디 X의 구조를, 표는 시점 t_1과 t_2에서 X와 (가)의 길이를 나타낸 것이다. (가)는 액틴 필라멘트만 있는 부분이고, (나)는 마이오신 필라멘트만 있는 부분이다. X는 좌우 대칭이다. 이에 대한 설명으로 옳은 것은?

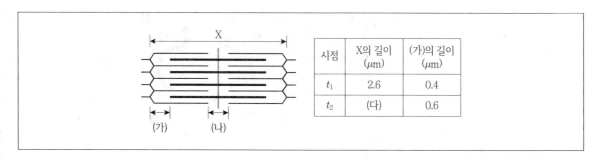

시점	X의 길이 (μm)	(가)의 길이 (μm)
t_1	2.6	0.4
t_2	(다)	0.6

① 근육이 수축할 때 (가)의 길이는 감소한다.
② (나)의 길이는 t_2에서보다 t_1에서 더 길다.
③ (다)는 2.8이다.
④ A대의 길이는 t_1에서보다 t_2에서 더 짧다.

12 그림은 동물의 미토콘드리아에서 일어나는 세포 호흡을 나타낸 것으로, (가)와 (나)는 서로 다른 기체이다. 이에 대한 설명으로 옳은 것은?

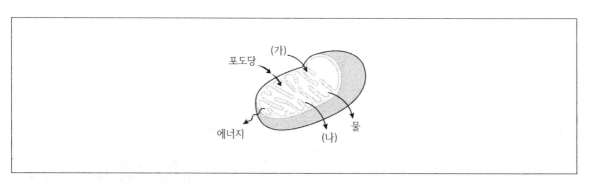

① 이 과정은 동화 작용의 예이다.
② (가)는 이산화 탄소이다.
③ (나)는 폐를 통해 몸 밖으로 배출된다.
④ 방출되는 에너지는 모두 ATP로 저장된다.

13 그림은 어떤 사람이 병원체 X에 감염되었을 때 일어나는 면역 반응을 나타낸 것으로, ㈎와 ㈏는 각각 B 림프구와 보조 T 림프구 중 하나이다. 이에 대한 설명으로 옳지 않은 것은?

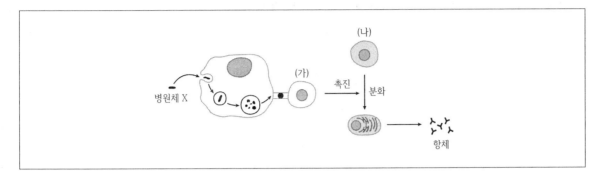

① 항체는 병원체 X에 결합한다.

② 항체에 의한 방어 작용은 세포성 면역에 해당한다.

③ ㈎는 대식 세포 표면에 제시된 항원 조각을 인식한다.

④ ㈏ 중 일부는 기억 세포로 분화된다.

---

11 ② ㈏는 마이오신 필라멘트가 차지하는 중간 영역으로 근육 수축 시 길이 변화가 없다.

③ t_1에서 ㈏의 길이를 구하면 2.6−(2×1.4)=1.8μm에 해당한다. t_2에서 ㈎의 길이는 0.6μm이므로 X의 길이를 구하면 1.8 μm+(2×0.6)=3.0μm이다. ㈐는 3.0μm에 해당한다.

④ A대는 마이오신 필라멘트 전체가 존재하는 영역으로 근육 수축이나 이완 과정에서 마이오신 필라멘트의 길이는 변하지 않는다. A대의 길이는 변하지 않는다.

12 ① 세포 호흡은 이화 작용의 예이다.

② ㈎는 산소, ㈏는 이산화탄소에 해당한다.

④ 세포 호흡에서 방출되는 에너지의 일부는 ATP로 저장되지만, 일부는 열로 방출된다.

13 ② 항체에 의한 방어 작용은 체액성 면역에 해당한다.

③④ ㈎는 항원을 인식한 림프구로, 대식세포가 제시한 항원 조각(MHC 분자와 결합된 항원)을 인식하고 활성화되는 림프구인 보조 T 림프구에 해당한다. ㈏는 활성화된 림프구로, 항체를 생성하는 형질 세포로 분화하는 B림프구에 해당한다.

정답 및 해설 11.① 12.③ 13.②

14 그림 (가)는 어떤 동물의 체세포가 분열하는 동안 세포 1개당 DNA양의 변화를, (나)는 (가)의 Ⅰ~Ⅲ 구간 중 한 구간의 특정 시기에서 관찰되는 세포에 들어있는 모든 염색체를 나타낸 것이다. 이에 대한 설명으로 옳은 것만을 모두 고르면? (단, 돌연변이는 고려하지 않는다)

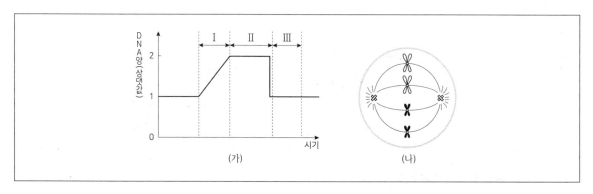

(가)   (나)

⊙ Ⅰ에서 염색체의 수가 2배로 증가한다.
ⓒ Ⅱ에서 (나)를 관찰할 수 있다.
ⓒ Ⅲ에서 형성된 딸세포의 핵상은 2n = 4이다.

① ⓒ
② ⊙, ⓒ
③ ⓒ, ⓒ
④ ⊙, ⓒ, ⓒ

15 그림은 정상인의 혈당량 조절 과정에 관여하는 호르몬 A~C의 작용을 나타낸 것이며, (가)와 (나)는 각각 이자와 부신 속질 중 하나이다. 이에 대한 설명으로 옳은 것은?

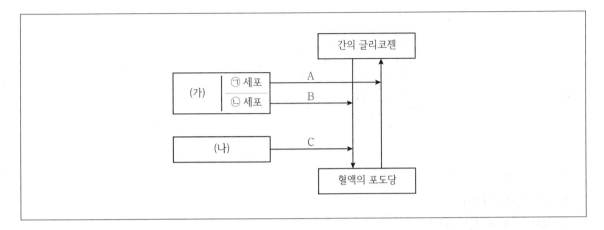

① ㉠세포는 α세포이다.

② (나)에서 글루카곤을 분비한다.

③ 혈당량이 증가하면 A의 분비가 촉진된다.

④ B와 C는 길항적으로 작용한다.

---

14 ㉠ I는 S기로 염색체 내의 DNA 양이 2배로 증가한다. DNA가 복제되어 2배가 되어도 염색체 수는 변하지 않는다.

15 ① 인슐린(A)을 분비하는 β 세포에 해당한다.
　② (나)는 부신 속질로 에피네프린을 분비한다.
　④ 글루카곤(B)과 에피네프린(C)는 상호 협력적인 작용을 통해 혈당량을 높이는 역할을 한다.

정답 및 해설 14.③ 15.③

16 그림 (가)는 세포에서 일어나는 물질대사를, (나)는 A와 B 중 하나의 반응에서 일어나는 에너지의 변화를 나타낸 것이며, A와 B는 각각 동화 작용과 이화 작용 중 하나이다. 이에 대한 설명으로 옳은 것은?

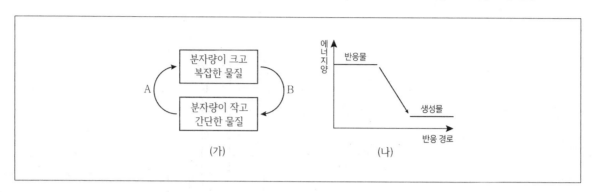

① A는 이화 작용이다.

② 세포 호흡 과정은 A이다.

③ (나)는 B에서의 에너지 변화이다.

④ 아미노산을 결합하여 단백질을 합성하는 과정은 B이다.

17 표는 생물 다양성의 3가지 구성 요소를 예로 나타낸 것으로, (가)~(다)는 각각 종 다양성, 유전적 다양성, 생태계 다양성 중 하나이다. 이에 대한 설명으로 옳은 것은?

> (가) 같은 종의 고양이라도 개체에 따라 털색이 다양하게 나타난다.
> (나) 지구에는 열대 우림, 초지, 습지, 갯벌, 산호초 지역, 맹그로브 숲 등이 있다.
> (다) 아무것도 살지 않을 것 같은 사막에도 도마뱀, 딱정벌레 등 여러 종류의 생물들이 살고 있다.

① (가)가 높은 개체군은 환경이 급격하게 변할 때 생존할 가능성이 낮다.

② (나)가 높을수록 (다)도 높아질 수도 있다.

③ (다)가 높으면 먹이 그물이 복잡해져서 생태계가 불안정해진다.

④ 외래종의 유입은 항상 (다)를 증가시킨다.

18 다음은 어떤 가족의 유전 형질 ㈎에 대한 자료이다. 이에 대한 설명으로 옳은 것은? (단, 돌연변이는 고려하지 않는다)

- ㈎의 발현은 대립유전자 A와 a에 의해 결정되며, A는 a에 대해 완전 우성이다.
- 표는 이 가족 구성원의 성별과 ㈎의 발현 여부를 나타낸 것이다.

구분	아버지	어머니	자녀1	자녀2	자녀3
성별	남	여	여	남	여
㈎의 발현 여부	O	O	✕	✕	O

① ㈎는 열성 형질이다.

② ㈎를 결정하는 유전자는 성염색체에 있다.

③ 어머니와 아버지의 ㈎의 유전자형은 모두 이형 접합성이다.

④ 자녀3의 동생이 태어날 때, 이 아이에게서 ㈎가 발현될 확률은 $\dfrac{1}{4}$ 이다.

---

16 ①② A는 동화 작용이다. 세포 호흡은 큰 분자를 분해해 에너지를 방출하는 이화 작용에 해당한다.
　④ B는 이화 작용에 해당한다. 아미노산을 결합해 단백질을 합성하는 과정은 동화 작용이다.

17 ② ㈏ 생태계 다양성이 높으면, 다양한 환경이 제공되므로 더 많은 종이 서식할 수 있어 ㈐종 다양성이 높아질 수 있다.
　① ㈎ 유전적 다양성이 높을수록, 환경 변화에 적응할 수 있는 개체가 포함될 가능성이 커지고 생존 확률이 높아진다.
　③ ㈐종의 다양성이 높아지면 먹이 그물이 복잡해지지만 생태계 안정성을 증가시킨다.
　④ 외래종은 토착종을 경쟁에서 밀어내거나 생태계를 파괴할 수 있어 ㈐종 다양성을 오히려 감소시킨다.

18 ③ 자녀1, 자녀2가 발현하지 않은 것은 이들의 유전자가 aa(열성 동형접합)이어야 하기 때문이다. 이것은 부모가 Aa 이형 접합성임을 의미한다.
　① ㈎는 우성형질을 의미한다.
　② X염색체나 Y염색체에 의해서 유전되었다면 모든 딸들은 X염색체 유전의 특징으로 ㈎가 발현해야 하지만 자녀1은 발현되지 않았다. 성염색체에 있는 것이 아니라 상염색체에 있는 것이다.
　④ 부모가 모두 Aa(이형접합자)로 유전법칙에 따라 AA(25%)는 ㈎ 발현, Aa(50%)는 ㈎ 발현, aa(25%)는 ㈎가 발현하지 않는다. AA, Aa로 ㈎의 발현확률은 75%에 해당한다.

19 그림은 용암 대지로부터 극상까지 천이 과정을 나타낸 것이며, ㈎와 ㈏는 각각 양수림과 음수림 중 하나이다. 이에 대한 설명으로 옳은 것은?

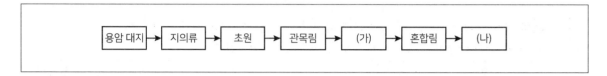

① 2차 건성 천이이다.
② ㈎는 음수림이다.
③ ㈏가 ㈎보다 약한 빛에 더 잘 적응한 군집이다.
④ 천이가 진행될수록 지표면에 도달하는 빛의 세기는 증가한다.

20 그림은 생태계 구성 요소 사이의 상호 관계를 나타낸 것이다. 이에 대한 설명으로 옳은 것은?

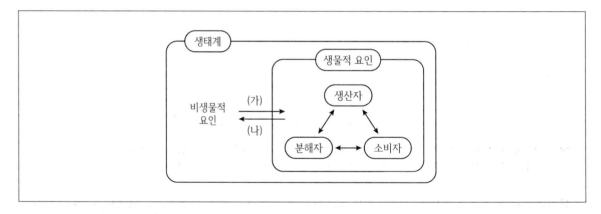

① '식물의 낙엽이 쌓이면 토양이 비옥해진다'는 ㈎에 해당한다.
② '빛의 세기에 따라 식물 잎의 두께가 다르다'는 ㈏에 해당한다.
③ 곰팡이는 생산자에 속한다.
④ 소비자는 생산자가 합성한 유기물을 이용한다.

19 ① 생물이 존재하지 않는 용암 대지에서부터 시작하는 것은 1차 건성 천이에 해당한다.

② ㈎는 양수림, ㈏는 음수림에 해당한다.

④ 천이가 진행되며 '초원 → 관목림 → 양수림 → 음수림'으로 변화할수록 수관층이 형성되어 지표면에 도달하는 빛의 세기는 감소한다.

20 ④ 소비자는 생산자가 광합성을 통해 합성한 유기물을 섭취하여 에너지를 얻는다.

① 생물적 부산물(낙엽)이 환경(토양)에 영향을 주는 것으로 ㈏에 해당한다.

② 환경(빛)의 영향으로 생물적 요인(식물 잎의 두께)이 다른 것은 ㈎에 해당한다.

③ 곰팡이는 분해자에 해당한다.

정답 및 해설 19.③ 20.④

서원각 용어사전 시리즈

상식은 "용어사전"

용어사전으로 중요한 용어만 한눈에 보자

중요한 용어만 공부하자!

1. 시사용어사전 1200

매일 접하는 각종 기사와 정보 속에서 현대인이 놓치기 쉬운, 그러나 꼭 알아야 할 최신 시사상식 을 쏙쏙 뽑아 이해하기 쉽도록 정리했다!

2. 경제용어사전 1030

주요 경제용어는 거의 다 실었다! 경제가 쉬워지 는 책, 경제용어사전!

3. 부동산용어사전 1300

부동산에 대한 이해를 높이고 부동산의 개발과 활 용, 투자 및 부동산 용어 학습에도 적극적으로 이 용할 수 있는 부동산용어사전!

- 최신 관련 기사 수록
- 다양한 용어를 수록하여 1000개 이상의 용어 한눈에 파악
- 용어별 중요도 표시 및 꼼꼼한 용어 설명
- 파트별 TEST를 통해 실력점검

자격증

한번에 따기 위한 서원각 교재

한 권에 준비하기 시리즈 / 기출문제 정복하기 시리즈를 통해 자격증 준비하자!